일러두기

- 외국 인명, 브랜드명은 가급적 국립국어원 외래어표기법을 따르되, 널리 통용되는 표기가 있거나 한국에 공식 진출한 브랜드가 자체적으로 사용하는 표기가 있는 경우 그를 따랐다.

패션의 시대

"패션은 왜 그랬고
어떻게 될까?"

패션의 시대

박세진

마티

머리말

이 책은 스트리트 패션의 주류 패션계 진입과 그 이후 생겨난 여러 가지 일에 대한 이야기를 담는다. 패션은 일상복과의 경계가 흐트러지면서 새로운 구간에 들어서게 되었다. 이 책에서는 이전의 패션과 구간을 나눌 기준점으로 알레산드로 미켈레의 첫 번째 구찌 패션쇼를 잡았다. 물론 이 기준은 절대적이거나 권위가 있지는 않다. 편의적인 분류일 따름이다. 여러 변화의 조짐이 이는 와중에 알레산드로 미켈레가 구찌의 크리에이티브 디렉터로 임명되었고, 이런 일은 아무래도 눈에 잘 보이니 기준으로 삼은 것이다.

그런데 스트리트 패션의 주류 패션 진입은 단지 고급 브랜드의 패션쇼에 티셔츠와 운동화, 바람막이가 등장하는 일에 그치지 않았다. 수많은 유행이 그랬던 것처럼 나타나고, 지나가고, 다시 오는 현상이 아니라는 뜻이다. 반복은 물론 계속되겠지만 변화가 발생하는 기반이 달라졌다. 성별 다양성, 성역할, 문화 다양성, 인종 문제 등 그동안 패션에 누적되어 있던 여러 문제점들이 표면 위로 올라왔고 이에 대응하면서 지금의 모습이 만들어졌다. 사람들의 패션에 대한 생각이 바뀐 결과다. 다시 말해 우연이라고만 볼 수는 없다. 사회적 이슈들 덕분에 스트리트 패션이 주류에 진입하는 것이

가능했다고 생각할 수도 있다. 두 현상이 상호 작용하면서 양쪽 모두 가속이 붙었던 건 분명하다.

스트리트 패션은 이전의 고급 패션과 상당히 다르고, 일상의 옷으로 이미 익숙하며, 하위문화 속 패션으로서 그 나름대로 완성도도 높아져 있었다. 즉, 기존의 패션 질서를 바꿔놓을 만한 힘을 지니고 있었기에 이용하기 좋은 재료가 되어 맨 앞에 서게 된 것이다. 이에 더해 코로나 시대, 인스타그램과 틱톡, 전쟁, 가상화폐, 메타버스 등 여러 가지 크고 작은 요인이 직간접적으로 영향을 주었다. 변화는 더욱 거세지고 가속화되었다.

패션 산업은 큰 자본을 투입하고 동시대에 흐르는 여러 문화 양식을 넘나들며 옷과 액세서리를 만들어낸다. 패션에서 과잉은 미덕이고 무엇이든 흘러넘친다. 고급 브랜드의 미니멀리즘이 패스트패션의 단순함이나 부실함과 같은 게 아니듯, 어디든 넘치는 공이 들어간다. 게다가 패션이 만들어내는 것은 생존의 필수품인 옷이라, 2022년 11월의 어느 날 80억 명을 넘어섰다는 지구인 모두가 입는다. 신나는 구경거리가 아닐 수 없다.
패션이라는 분야 자체도 흥미진진하다. 디자이너와 브랜드 모두들 넘치는 아이디어로 정교한 세계관을 구축하며 자기만의 패션 세상을 만들고 서로 경쟁하고 영역을 넓힌다. 만드는 쪽뿐만 아니라 입는 쪽 역시 흥미진진하다. 현대인의 자아가 소비를 통해 구성된다고 하면 패션은 그 핵심일 것이다. 사람들은 돈을 써서 자신이 어떻게 보일지를 구축한다. 유행이 있고, 유행에 대한 거부가 있고, 그 거부가 다시 유행이 되기도 한다. 이런 패션을 외부자 시선으로 관찰하며 대체 무슨 일이 벌어지고 있는지, 어떻게 돼가는 건지, 어디를 어떻게 바라보면 더 재미있을지 혹은 나 자신의 패션 생활을 더 즐겁게 만들 수 있을지에 대한 고민과 생각을 이 책에 담았다. 바람이 있다면 많은 이들이 패션을 함께 구경하고 입으면서 각자가 만들어내는 이야기를 나누는 것이다. 논의의 장이 풍부해질수록 더 흥미진진한 것들이 나오게 마련이다. 그런 이야기를 쌓아 올리는 데 이 책이 조금이라도 보탬이 되기를 바란다.

덧붙여 이 책이 나오기까지 도움을 준 주변의 동료들과 아낌없는 노력을 기울여준 도서출판 마티 및 정희경 대표님께 깊은 감사의 인사를 전한다.

2023년 8월

II부 패션과 함께 가는 것들

III부 패션의 영역 확장과 새로운 정착지

프롤로그

경계가 만들어지다

패션이 대형산업화되고 매스미디어, 후기자본주의, 대기업 브랜드 체제와 만나면서 빠르게 구획화, 획일화되었다. 그 결과 독특하고 돌발적이고 터무니없는 새로움, 비주류 디자이너의 거대한 야심 같은 즐거움이 드러나기 어려워졌다. 작게 굴러다니는 패션의 아이디어가 실현되기에 어려운 벽이 생겨버린 거다. 여기까지가 스트리트 패션이 하이 패션 위를 덮고 지나가기 전의 이야기다.
그러다가, 지방시나 발렌시아가에서 양념처럼 자리를 잡았던 스트리트 패션이 어느 시점부터 중심으로의 진입을 시작했다. 구찌, 발렌시아가, 루이비통 남성복이 본격적으로 판을 열었고, 코로나 팬데믹 시대가 닥치면서 비대면 소통, 온라인 쇼핑 방식이 대폭 확대되며 걷잡을 수 없는 흐름으로 자리를 잡아나갔다. 한편으로, 어떤 상황이 먼저였는지 따지기 어려울 정도로 거의 동시다발적으로 전 세계에서 다양성에 대한 요구가 거세졌다. 인종차별, 젠더 이슈, 소수자 혐오 등에 대한 각성, 존중과 다양성을 원하는 목소리가 날로 뜨거워졌다. 각종 소셜네트워크를 통해 개인들이 영향력을 행사했고, 패션 역시 격렬하게 반응했다. 그리고 스트리트 패션은 다양성 요구에 대한 대답이자 해결을 위한 좋은 도구가 되었다.
이후 빠른 속도로 스트리트 패션은 주류 패션이 되었다. 그저 자리를 잡는 정도가 아니라 다른 모든 패션에 영향을 미치고 있다. 옷의 생김새뿐 아니라 착용 방식, 패션에 대한 태도 등까지를 포함해서 말이다.

이런 변화가 빈틈없이 짜여 있던 공간을 조금이라도 벌려 틈을 만들어냈을까? 그렇기도 하고 아니기도 하다. 하이 패션은 하위문화의 패션과 방식을 순식간에 자기들 체제 안에 집어넣었다. 프린트 티셔츠뿐만 아니라 젊은 아티스트 발굴 및 그들과의 협업, 1980년대 나이트클럽을 연상시키는 매장, 실험적 영상물과 그래피티, 스케이트보드 대회와 미술관 전시까지 그 누구보다 잘해내고 있다. 아크테릭스가 출시한 파란색 알파SV셸 재킷을 흰색 러플드레스와 사선으로 연결한 제품은, 말하자면 스트리트 패션의 바람막이와 카고바지를 캣워크 위에 올리기 위한 시도 중 하나였다. 그리고 저런 옷을 과연 누가 입을까 신기해하는 사이에 작은 틈이 몇 개 생겨났다. 유구한 역사를 지닌 인간의 모험심과 다양성에 대한 현 세대의 열망, 과거에 비해 적은 자본으로 온라인 패션 브랜드 창업이 가능해진 환경, SNS에서 자신이 만드는 옷을 반가워해줄 누군가를 만날 가능성이 높아지면서 자기만의 길을 가려는 소규모 브랜드들이 기회를 만들려 하고 있다.

과거 하이 패션이 내세우던 좋은 소재와 장인의 만듦새를 갖춘 고급 옷이라는 조건은 여전히 유효하긴 하지만, 이 조건이 곧 멋진 패션이라는 필연적으로 보였던 관계는 확실히 흐려졌다. 대규모로 양산되는 옷의 품질이 꽤 높아진 이유도 크다. 말하자면 품질의 하한선이 높아졌다는 뜻이다. 패스트패션 브랜드에서 내놓는 수많은 옷은 예전의 싸구려 시장 옷처럼 딱 봐도 티가 날 만큼 조악하지 않고 충분히 트렌디한 패션을 실어 나르고 있다. 이렇듯 이전의 좋은 옷과 멋진 옷, 더 정확하게는 고급 패션의 본질적인 가치가 희미해졌기 때문에 하이 패션의 의미가 아예 사라져버렸다고 여기는 이들도 있다. 이들은 우리를 매혹하던 진짜 패션은 사라져버렸고 빈 껍질에 로고와 가격 놀음만 남았다고 투덜거린다. 그렇지만 꼭 그런 것만은 아니다. 예전에는 화폐의 가치가 금이나 은의 가치와 연계되었지만 이제는 국가 신용도 등 여러 요인 속에서 매우 복잡한 방식으로 만들어지는 것과 마찬가지다. 패션의 가치는 이제 손에 잡히지 않고 눈에 보이지 않는 것들로 더 커지고 강렬해지고 있다. 패션이 사랑과 관심을 받는 이유는 열망의 대상, 동경의 대상이 되고 높은 비용을 지불할 가치가 있다고 여겨지기 때문이다. 그러하니 꼭 옷일 필요가 없다. 고급 마케팅, 다양한 문화의 결합, 연예인, 세련된 이미지, 세간의 인식, SNS나 커뮤니티에서의 여론 흐름 등 여러 가지를 활용할 수 있다.

이렇듯 복잡다단하게 연결된 많은 요인들과의 관계 속에서 패션의 가치가 형성되니 흘깃 쳐다보는 것만으로는 뭐가 어떻게 돌아가는지, 왜 인기가 많고 비싼 건지 파악하기가 어렵다. 더 이상 잡지가 가이드 역할을 해주지도 않는다. 모호함이 깊어질수록 브랜드 로고, 연예인, 인플루언서 등 눈에 드러나는 가이드의 힘이 강해진다. 방문자가 많은 뉴스 채널이나 커뮤니티, 실시간 가격 동향이 보이는 리세일 플랫폼이나 대형 온라인 스토어의 판매 순위 등등이 모두 가이드를 자처한다.

모호함이 가득하지만 사람들은 패션에 대한 투자를 늘리고 있다. 옷뿐만 아니라 손에 닿는 모든 것에 취향을 반영하는 일상은 세련된 현대인의 지표가 되었다. 언뜻 개인의 취향이 확대되는 듯 보이지만, 다른 한편으로는 취향 자체가 이미 타인 의존적인 속성을 가지기에 SNS 같은 거대한 창 속에서 '개인의 취향 존중'은 외려 서로 같아지는 길로 가는 듯 보이기도 한다. '나는 남들과 달라' 하는 이들끼리 서로 비슷해지는 거다.

사실 요사이는 세계적인 인기를 구가하는 몇몇을 빼면

누가 인기 있는지도 알아채기 어렵다. 방송만 보는 사람은 유튜브 스타를 알지 못하고, 유튜브 안에서도 알고리즘의 장막에 갇혀 관심 없는 분야는 전혀 모를 수 있다. 아무리 수백만 구독자를 보유한 유튜버라 해도 들어본 적조차 없을 수도 있는 것이다. 트위치, 인스타그램, OTT, 수많은 방송 채널 등 각 분야마다 큼지막한 시장이 있는 덕분에 모두가 알 만한 사람이 아니어도 충분히 인플루언서나 셀러브리티 역할을 할 수 있다. 패션에서도 최상위를 점유한 주류의 유행과 지역·분야·시기별로 각각 다른 비주류의 유행이 공존하며 빠르게 등장하고 사라진다. 인기 있어 보이는 특정 브랜드를 믿고 좇는 간단한 방법도 있지만 패셔너블함을 보장해주지는 않는다. 탄탄해 보이던 유명 브랜드도 순식간에 시야에서 사라지거나 강력해 보이던 이미지의 아우라가 어느새 흐려진다. 브랜드가 삐걱대기 시작하면 사람들은 아주 빠르게 눈치챈다. 그 브랜드를 통해 시선과 동경을 얻고자 비용과 시간을 투자하는 당사자이기 때문이다. 이 모든 일이 하이 패션이 스트리트 패션의 옷과 방식을 흡수하고 앞에 서게 된 시점부터 훨씬 강력하게 확장 증폭되었다.

이런 상황을 관찰하며 어떤 경계가 생겨났다고 판단했다. 경계의 양쪽에 사람들이 있다. 이 흐름에 끊어진 연속성, 즉 단절을 보았다. 이 판단의 근거 중 하나는 캣워크와 명품관을 가득 채운 스니커즈, 티셔츠, 후드, 점퍼 등 끝없이 나오는 스트리트 브랜드와 협업 제품을 두고 디자이너, 소비자, 매체가 하는 이야기가 각기 초점이 다르고 논리의 앞뒤가 잘 들어맞지 않는다고 생각했기 때문이다. '같은 옷을 보고 각자 다른 의미를 이야기하는구나!' 싶었다.

패션 산업은 이미 여러 차례 거대한 변화를 경험했다. 귀족 중심 사회가 해체될 때, 전후 세계가 재단장될 때, 중산층의 소비를 중심으로 경제가 재편될 때 등 세상의 작동 방식이 큰 폭으로 변화할 때 패션도 상호작용을 하며 그에 맞춰 체제를 바꿨다. 고급 패션은 부와 권력 구조에 큰 영향을 받을 수밖에 없다. 그러니 구조가 바뀌면 고급 패션 브랜드 같은 구시대의 상징은 거부되고 사라지기 마련이다. 하우스 오브 워스, 레드페른, 루실, 칼로 자매 등등 셀 수 없이 많은 브랜드, 쿠튀티에, 디자이너가 시간의 흐름 속에서 잊혔다. 그럼에도 불구하고 지금의 변화를 극단적으로 '단절'로 판단하는 이유는 바로 주 구매자의 세대교체다. 1980년 이후 태어난 밀레니얼세대와 2000년 이후 태어난 Z세대가 고급 패션의 주된 소비자로 부상했다. 이는 그저 베이비부머나 X세대 다음으로 새로운 세대가 나왔다는 분석과 의미가 크게 다르다. 지금까지 구매자 세대는 당연히 계속 교체되었으니까. 그렇지만 이전까지는, 새로 진입한 신규 세대가 고급 패션의 변화를 불러

올 정도로 소비 규모가 크지 못했다. 새로운 세대에게 기존 세대를 뛰어넘는 구매력이 있어야 하는데 대부분 그게 불가능했기 때문이다.

그런데 지난 10여 년간 등장한, 새로운 소비층, 새로운 세대는 이전 세대와 완전히 다르다. 달라진 환경과 기술 속에서 성장한 밀레니얼세대와 Z세대는 전혀 다른 세계관과 행동 방식을 지녔다. 다른 문화, 다른 인종의 사람들도 주요 고객으로 진입했다. 그렇지만 이걸로는 부족하다. 새로운 가치관이나 생활 방식이 여유 자금을 주진 않는다. 고급 패션이 결정적으로 변화하는 건 돈을 가진 새로운 고객층이 등장했을 때다. 즉, 이 시대 새로운 구매층이 하이 패션의 세계를 재편할 만큼 구매력을 지녔다는 말이다. 부를 승계받은 젊은 세대와 가상화폐 같은 고위험 투자에 뛰어든 사람들, 팬데믹 기간 동안 치솟은 주식, 케이팝 스타를 비롯한 연예인, 유튜브와 SNS 스타, 인플루언서 등 새로운 방식으로 부유해진 이들이 등장했고, 이들을 필두로 럭셔리 패션 시장을 움직일 만한 크기가 만들어졌다. 성공하고 잘나가고 돈 많은 사람의 이미지가 이전과 달라졌고, 이런 모습을 보며 불투명한 미래 전망 속에서 즐겁게나 살자는 생각에 동조하는 이들이 늘면서 하이프는 광범위하게 퍼지며 새로운 세대의 패션 방식이 되었다. 특별한 비일상적인 자리를 위한 것이 아니라 언제 어디서나 입을 옷으로 고급 패션을 찾게 되면서 패션의 생산자와 소비자는 함께 티셔츠와 스니커즈를 하이 패션의 자리로 끌어올리게 된 것이다.

새로운 세대의 진입이 만든 변화는 여기서 그치지 않았다. 밀레니얼과 Z세대는 다양성과 정치적 올바름, 환경과 동물권, 윤리적 소비 같은 가치를 공유했고 SNS를 통해 적극적으로 동참했다. 럭셔리 패션에 간섭할 여지도 넓어졌다. 꼭 오프라인 시위에 나서지 않더라도 불합리하다고 생각되는 것이 있으면 요란스럽게 떠들 수 있는 장이 온라인에 존재했다. 게다가 무언가를 판매하는 이들을 압박하는 데는 이쪽이 오히려 더 효과적이었다.
인터넷 세계와 언제나 연동된 삶을 살게 된 새로운 세대는 그 안에서 가치관을 형성한다. 특히 미투와 블랙 라이브스 매터 운동 등을 겪으면서 주류 사회가 구조적으로 외면하던 성별 불평등과 인종차별에 대한 문제의식이 높아졌고, 이 같은 불균형에 대항해 다양성 실천에 대한 욕구가 대폭 커졌다. 이런 이슈는 막대한 영향력을 갖게 된 SNS와 그 안에서 다양한 사고방식을 접하며 성장해온 사람들 사이에서 급속하게 퍼져나갔다.

하이 패션은 유럽에서 등장했고 그곳의 사회 문화에 맞춰 형성되었던 의복 양식을 확대 재생산하는 식으로 지금까지 성장해왔다. 사람들이 이런 패션을 '앞서 있다'고 느끼고 따라간 데에는 문화와 예술에서도 가장 앞서가던 문명사회 유럽에 대한 동경이 함께 자리하고 있었다. 유럽 쪽에도 여전히 패션은 유럽에서 생산되고 미국을 포함한 나머지 국가는 소비한다는 식으로 생각하는 경향이 남아 있다. 그런데 이제는 유럽의 옷에 전통적인 성 역할이나 다른 문화에 대한 배타성 같은 구시대의 세계관이 내포되어 있다는 걸 사람들이 눈치채기 시작했다. 남성복과 여성복의 엄격한 분리를 통해 서로 완전히 다르게 구축된 양쪽의 체계는 고도로 상업화된 패션과 연합해 이상적 성별 이미지를 만들고 그 모습을 동경하도록 유도하며 구시대적 세계관을 재생산하며 강화해왔다. 다양성에 대한 목소리가 커지며 이제 사람들은 그런 옷을 계속 입으며 익숙해져버린 가치관이 대체 무엇이었는지 반성과 비판을 이어가고 있다. 이에 따라 패션 산업 안에서도 전통적 성 역할에 대한 반발, 성별 다양성 존중, 인종주의 반대, 자기 몸 긍정주의 같은 문제들이 중요한 가치로 부각되었고 그런 부분을 드러낼 새로운 분류와 포맷을 만들기 위한 다양한 실험과 도전이 이뤄지게 된 거다.

패션의 변화를 불러온 요인으로 환경 문제도 있다. 패션이 환경오염과 지구온난화에 상당히 큰 영향을 미친다는 점은 이미 잘 알려져 있다. 물론 패션만 달라진다고 문제가 해결되고 세상이 나아질 수 있는 상황은 아니다. 아무튼 인간 문명의 작동 방식 자체가 위기를 만들고 있기에 궁극적으로는 우리의 생활 방식 전체를 바꿔야 하는 시점에 도달했다고 볼 수 있다. 그러니 패션을 지금 같은 방식과 속도로 소비해서는 답이 없다는 걸 다들 안다. 소모적으로 패션을 즐기는 방식은 결국 바뀔 수밖에 없다. 패션 산업도 대안을 제시해야만 한다. 어떤 모습이 될지 아직 예측하기 어렵지만 패션 브랜드들은 이미 청사진을 그리며 미래를 주도하기 위한 경쟁을 시작했다.

이런 경계와 단절을 보여주는 많은 요인들에도 불구하고, 패션이 여전히 하던 걸 계속하고 있고 부를 과시하고 권력을 드러내는 수단으로 쓰인다는, 한마디로 패션의 역할이 변한 게 없다는 주장도 타당하다. 지금의 성 역할, 다양성, 환경 문제 등을 포섭하는 새로운 모습들이 단지 마케팅의 일부일 뿐이라는 비판이다. 어쩌면 당연하다. 유행은 계속 변하고 무엇이든 흡수해 고급 제품으로 바꿔놓는 것이 수십 년간 쌓은 패션만의 기술이니까. 1980년대 패션, 밀레니얼 패션, 1930년대 패션 등등이 끊임없이 복기되며 새로운 생명을 얻고 바지는 좁아졌다 넓어졌다 하고, 코트는 슬림해졌다가 박시해졌다가 했다. 펑크, 훌리건, 부랑자 룩도 흡수해 고급 의류로 탈바꿈해 캣워크 위에 올리는 데 힙합이나 스트리트 패션의 본질이 삶의 방식과 태도라고 해서 딱히 특별하지 않을 수도 있다. 그렇다. 스트리트 패션은 이미 한참 전에 거리를 떠나 부유한 중산층 자녀의 차지가 되었으니까. 물론 미묘한 지점이 있다. 예전에는 세상의 변화와 함께 오래된 브랜드들은 자연스럽게 사라졌다. 앞서 가는 패션의 이미지에 구세대 브랜드 이미지가 어울리지 않기 때문이다. 하지만 수많은 우여곡절을 뚫고 살아남아 대형화된 구찌, 발렌시아가, 루이 비통, 디올 등은 외려 이름값이 예전과는 비교할 수 없을 만큼 커졌고 변화에 대한 방어력도 대단히 강력해졌다. 게다가 세상 좀 바뀐다고 뒤로 물러나기에는 벌이가 너무 좋다. 즉 변화가 들이닥쳤지만 브랜드의 이름은 바뀌지 않았다. 브랜드 이름이 지속되고 강화되는 상황을 보면 경계나 단절이 있었던 건지 의심스럽기도 하다. 그럼에도 불구하고, 이런 과거 방식의 재현과 복각은 예전과는 다른 맥락 위에 놓일 수밖에 없다. 90년대에 하이 패션 브랜드에서 내놓는 티셔츠가 고급의 삶을 열망하는 패션 체제 안에서 작동을 했듯, 지금 하이 패션 브랜드에서 내놓는 이브닝 드레스는 밀레니얼과 Z세대의 티셔츠 패션 체제 안에서 작동한다. 세대가 섞여 있어서 혼란이 있지만 밀려가는 흐름을 막을 수는 없다.

그렇기에 이 시점에서 새로운 디자이너와 트렌드의 등

장, 옷의 형태 변화가 무엇을 의미하는지 곱씹어 생각해볼 필요가 있다. 사실 누가 어디서 뭘 하고, 내가 지금 입고 있는 게 무엇인지 어렴풋이나마 이해하게 되는 건 그 자체로 흥미진진한 일이기도 하다. 게다가 옷이 담고 있는 의미는 이전보다 더 중요해지고 있고, 심지어 의미가 패션 그 자체가 되기도 한다. 과거에 패션이 사람의 겉모습을 달라 보이게 만드는 마법의 날개였다면, 이제 패션은 어떤 이의 삶의 방식을 엿볼 수 있는 단서이기 때문이다. 패션은 이제 삶의 방식이 되었기 때문이다.

패션은 어떻게

달라지고 있나

알레산드로 미켈레의 등장,

구찌

ㄴ 패션의 변화

2015년 1월, 구찌는 알레산드로 미켈레를 새로운 크리에이티브 디렉터로 임명한다고 발표했다. 2015 FW 패션위크가 2월에 열릴 예정이었으니 상당히 촉박한 감이 있었다. 이런 경우에는 보통 전임 디렉터(프리다 지아니니)가 만들고 있던 컬렉션을 선보이든가, 퇴임이 일찌감치 계획되어 준비해놓은 게 없다면 아예 한 시즌을 쉬고 다음 시즌으로 넘어간다. 하지만 구찌는 예정대로 2월에 패션쇼를 개최했다.

1921년에 탄생한 구찌는 백여 년 동안 몇 번의 위기가 있었다. 그런데 그때마다 누군가가 나타나 구찌가 나아갈 새로운 길을 만들어냈다. 구찌 혹은 모기업 케링의 선구안일 수 있겠다. 상표권 분쟁이 격화하고 구찌 가문 내부의 불안 요소들이 쌓이면서 이미지가 몰락하고 있던 1994년에는 톰 포드가 크리에이티브 디렉터로 임명되었다. 미국 텍사스주 출신의 톰 포드는 구찌의 과거 아카이브에서 영감을 찾아내고 그것을 관능적이고 감각적인 제트족의 이미지로 재포장했다. 고리타분한 이미지를 벗겨내는 데 성공한 구찌는 급속하게 성장할 수 있었다.

2004년 톰 포드가 구찌를 떠나자 다시 침체기가 찾아왔다. 이후 크리스토퍼 베일리, 알레산드라 파키네티, 프리다 지아니니 등 여러 디자이너가 브랜드를 이끌었지만 좋았던 시절의 재탕이나 혁신 없는 열화 복제로는 험난한 주류 패션 세계에서 버티기가 어려웠다. 사람들의 관심이 서서히 멀어지는 와중에 구찌는 알레산드로 미켈레에게 브랜드의 재건을 맡기게 된다.
그가 급하게 맡은 2015년 2월의 2015 FW 패션쇼에는 가까운 과거의 흔적이 여럿 남아 있긴 했지만 그런 게 다 덮일 정도로 '새로웠다'. 패션쇼는 블론드 레드헤드가 2010년에 발표한 곡 〈페니 스파클〉이 흘러나오면서 시작되었다. 베이지색 시스루 상의에 빨간색 치마를 입은 여성과 복고풍 뿔테 안경에 나뭇잎 같은 녹색 슈트 셋업을 입고 구찌 핸드백을 손에 든 남성이 걸어나왔다.
뒤이어 캣워크에는 커다란 안경과 털이 부숭부숭 붙어 있는 로퍼, 레트로한 가방과 생경하면서도 과감한 컬러로 뒤덮인 모델들이 속속 등장했다. 익숙한 모습이긴 한데 기존 패션과는 어딘가 다른 낯선 미감이다. 가만히 보고 있자면 패션에 무척 관심이 많지만 활용할 제품이 없는 시골 어딘가의 젊은이가 부모님, 할머니, 삼촌이 옷장에 보관만 하고 있던 1970~80년대 디자이너 컬렉션을 있는 대로 몸에 걸친 것처럼 보인다. 그렇지만 이 패션쇼로 구찌는 '지금 이 자리에서 새로운 무엇인가를 시작하고 있다'는 확실한 인상을 만드는 데 성공했다.
본격적으로 시즌 전체를 이끌게 된 2016 SS 컬렉션에서는 알레산드로 미켈레의 구찌가 더욱 구체화되어 드러났다. 첫 패션쇼에서 선보였던 예전과 어딘가 다른 패션 미감은 순식간에 극단으로 치달았다. 폐허가 된 기차역 세트를 옆에 두고 70년대 스포츠 패션과 나이트클럽, 80년대 이탈리아 쿠튀르가 뒤섞이는가 하면 반짝이는 소재, 꽃무늬 프린트, 수많은 색의 조합, 커다란 레트로 안경 등이 쉼 없이 등장했다. 마치 취향 좋은 주인이 운영하는 빈티지 매장에 들어가 가장 화려한 제품만 뽑아 온 것 같았다.

알레산드로 미켈레는 1972년생으로 이탈리아 로마 출신이다. 1990년대 초반까지 로마에서 패션 학교를 다니며 무대 의상을 공부했다. 졸업 후 몇 군데 회사를 다니다가 펜디에 들어가서 가죽 제품 디자인을 담당하며 프리다 지아니니와 함께 일했다. 그러다가 2002년 톰 포드가 그를 구찌의 런던 디자인 사무실로 데려갔다. 그곳에서 미켈레는 핸드백을 디자인했다. 2011년부터는 당시 구찌의 크리에이티브 디렉터였던 지아니니와 함께 부디렉터로 일하기 시작했고, 2014년에는 구찌가 사들인 피렌체의 도자기 브랜드 리차드 지노리의 크리에이티브 디렉터로 임명되었다.

어렸을 적에 영국 잡지를 많이 봤고 포스트 펑크와 뉴 로맨틱 스트리트 스타일의 팬이었다고는 하는데, 별일 없이 이탈리아 브랜드에서만 일을 하며 패션 아이디어를 꾸준히 쌓아오다가 2015년에 기회가 오자 확 터트렸다고 볼 수 있다.

미켈레의 구찌에서 무엇보다 주목해야 할 건 하이 패션 브랜드의 방향 전환이다. 소비자의 연령이 점차 낮아지고 그에 맞춰 나오는 옷이 늘고는 있었지만 하이 패션은 젊음과 젊은이들의 문화를 대변하는 옷이 아니었다. 그런 역할은 하위 패션 브랜드에서 꾸준히 해왔고 이따금씩 하이 패션이 그걸 가져다 쓰는 정도였다.

그런데 새로운 구찌는 이전보다 훨씬 어린 세대를 대상으로 패션을 만들고 그들을 대변하기 시작했다. 돈이 꽤나 있어야 구찌를 살 수 있는 건 변함이 없겠지만 그들이 자본을 드러내는 방식은 이전 세대와 이미 달라지고 있었다. 그들은 한정판 스니커즈, 협업으로 출시된 고어텍스 재킷이나 티셔츠 같은 걸 프리미엄 가격에 구입한다. 미켈레는 이 자리에 구찌의 티셔츠와 운동화를 집어넣었다. 또한 그 세대의 관심사인 민족, 신체, 성별 다양성을 포용하는 개방적 태도를 패션 위에 얹어놓았다.
그렇기는 해도 사실 패션쇼에는 워낙 다양한 이미지가 들어 있기 때문에 그것만으로는 사람들에게 금세 와닿지 않는다. 광고 분위기도 바뀌었다. 이전 럭셔리 브랜드 광고에서 캐주얼한 패션의 모델은 주로 이국적인 휴양지의 리조트에서 휴식을 취하거나 일하다가 잠깐 스포츠카를 끌고 나온 듯한 젊은 회사 고위층 같은 사람이었다. 그렇지만 구찌의 광고 영상 속 젊은이들은 남녀가 뚜렷이 구별되지 않는 화려한 옷을 입고 거리를 어슬렁거리고, 스케이트보드를 타고, 쇼핑몰을 우르르 뛰어다니고, 건물 옥상에 올라가 도심을 바라보며 노닥거린다. 기이하고 과장된 옷은 누가 봐도 멋을 내려고 한껏 꾸민 티가 확실하게 난다.
오프라인 매장의 분위기도 바뀌었다. 핑크 톤에 그린 컬러로 포인트를 주고 흑백 체크무늬 바닥을 깐 매장에 알록달록한 옷이 가득 들어차 있다. 새로운 세대가 곧잘 사용하는 스마트폰 앱에는 아케이드 게임이 들어가고, 증강현실 같은 걸 도입해 제품을 착용한 모습을 보여주기도 한다.

새로운 구찌는 1970~80년대 청년문화를 중심으로 나이트클럽과 고딕, 글리터, 글램부터 노아의 방주나 레트로 SF물의 외계인 같은 모티프를 남녀 구분도 없이 온통 뒤섞었다. 사실 패션을 좋아하는 젊은 세대들은 기존 럭셔리 브랜드의 엄격함과 진중함에는 크게 관심이 없었다.
그보다는 앞서 있는 패션 감각을 드러낼 수 있는 스트리트 패션을 소비하는 경우가 많았다. 그들은 슈프림 NY, 아크로님, 스투시, 파타고니아 같은 브랜드가 자신과 훨씬 가깝다고 느꼈다. 지루하지 않고, 젊은 세대가 소비하는 브랜드라는 이미지가 있으며, 주변에서 알아보는 사람도 많기 때문이다. 구하기 어렵고 비싼 제품은 이쪽에도 얼마든지 있다.

구찌는 이런 자리에 끼어드는 데 성공했고 기존의 고급 브랜드에서는 딱히 살 게 없었던 밀레니얼과 Z세대들이 매장을 찾게 만들었다. 미켈레는 순식간에—이전의 고급 패션과 스트리트 패션 사이에—새로운 고급 패션이라는 경계를 만드는 동시에 그걸 넘어갔다. 그리고 기존 고급 브랜드의 패션을 과거의 유물로 밀어내 버렸다.

ㄴ 티셔츠의 시대

다시 화려해진 구찌의 패션에서 주목할 부분 중 하나는 티셔츠다. 세상에 많고 많은 하얀색 티셔츠는 하이패션의 스트리트 패션 시대와 함께 새로운 운명을 맞게 되었다. 티셔츠를 비롯한 일상복 카테고리의 의류를 고급 브랜드에서 판매하게 될 때, 훨씬 섬세하게 만들던 기존 제품들과 충돌이 생긴다. 이럴 경우 보통 몇 가지 타개 방식이 있다.

우선, 브랜드가 지금까지 판매해온 주력 제품을 새로운 고객군에 맞춰 변형하는 방법이 있다. 울이나 캐시미어로 만들던 테일러드 재킷이나 코트를 면이나 폴리에스테르처럼 다루기 쉬운 소재로 원단을 바꾸고 핏도 더 편하게 만든다. 그러면 훨씬 캐주얼하게 입고 다닐 만한 옷이 된다. 또 다른 방법은 그냥 그들이 입는 옷을 내놓는 거다. 티셔츠를 비롯해 스니커즈, 바람막이 재킷, 항공점퍼 등을 직접 출시한다. 이러한 양방향의 접근이 현재 함께 일어나고 있다.

패션 브랜드의 중심은 의류이지만 사실 옷으로 많은

이익을 내기는 어렵다. 옷은 만드는 데 비용이 많이 들고 사이즈도 세세하게 구분해야 하는데 그렇게 만들어서 날개 돋친 듯이 팔리는 경우는 별로 없다. 보통은 가방이나 신발, 향수 같은 제품이 수익의 주요 부분을 구성한다. 그렇지만 만약 티셔츠처럼 단순한 옷을 비싸게 팔 수 있다면 더할 나위 없이 좋은 일일 테다. 스웨트셔츠나 후디 같은 품목도 비슷하다.

티셔츠의 고향은 미국이다. 그 출발은 19세기에 입던 속옷의 한 종류로 원래는 위아래가 이어진 긴 옷이었다. 군인에게 지급되는 품목이었으며 광부나 부두 노동자도 즐겨 입었다. 그러다가 1898년 미국-스페인 전쟁이 일어나는데 미 해군에서는 이 속옷을 둘로 분리해 보급했다. 상하의 분리가 이루어진 게 1898년에서 1913년 사이라고 한다.
크루넥에 반소매, 면으로 된 상의는 지금의 티셔츠와 크게 다르지 않았다. 군인, 선원, 노동자, 농부 등이 속옷으로 입었고 작업하다가 더우면 겉옷을 벗고 티셔츠만 입었다. 그러다 보니 그냥 티셔츠만 입어도 되겠다 싶어진다. 대공황, 제2차 세계대전을 거치고 전역한 군인들이 고향에 돌아와 농장 등지에서 일하면서 티셔츠를 입었고 사람들은 이 간편한 옷에 익숙해졌다. 그렇게 티셔츠는 일상복으로 자리 잡았을 뿐만 아니라 1950년대에 말론 브란도와 제임스 딘이 영화에 입고 나오면서 청년문화와도 꽤 일찍부터 연결이 됐다. 청바지와 함께 입은 단순한 흰색 티셔츠는 터프하고 반항적인 젊음의 이미지를 만들어냈다.

프린트가 새겨진 티셔츠가 처음 등장한 건 1939년 영화 「오즈의 마법사」로 알려져 있다. 도러시 일행이 성에 도착한 다음 마법사 오즈를 만나기 전 몸단장을 하는 장면이 나오는데, 여행하느라 부실해진 허수아비 몸에 짚을 채워주는 이들이 'OZ'(오즈)라고 적힌 초록색 티셔츠를 입고 있다. 이 티셔츠는 영화 프로모션용으로 제작되기도 했다.
프린트는 티셔츠의 매우 중요한 특징이다. 상체에 입는 단순하게 생긴 단색의 옷은 특별히 시선을 끌지 않지만 거기에 뭔가 그리거나 써놓으면 눈에 잘 띈다. 메시지와 이미지를 전달하기에 아주 적합한 도구인 셈이다. 그래서 프린트 티셔츠는 1960년대부터 광고판이나 정치적·사회적 구호를 담아 보여주는 칠판 또는 액자 같은 기능을 해왔다. 가격이 저렴하고 직설적인 표현이 가능할 뿐만 아니라 누구든 공산품 무지 티셔츠를 가져다 직접 문구를 적거나 그림을 그려서 세상에 내보일 수도 있다. 그렇기 때문에 티셔츠는 다양한 청년문화와 하위문화에서 중요한 역할을 할 수 있었다.
또 티셔츠를 통해 자신의 취향이나 관심사, 소속 커뮤니티 따위를 표현할 수 있다. 기존의 패션과는 다른 방식이다. 패션이라는 건 보통 옷의 생긴 모습과 사람의 조화로 이미지를 만들어낸다. 글자나 그림은 이미지가 상당히 강하기 때문에 대개 제한적으로 사용하고, 옷의 생김새나 컬러 등을 이용해서 은유적이고 중의적으로 자기표현을 하는 것이 일반적이다. 하지만 티셔츠 위에는 하고 싶은 이야기를 그냥 직접적으로 적어놓으면 된다. 누가 입은 티셔츠에 산이 그려져 있으면 아웃도어 패션을, 슈프림 로고가 새겨져 있으면 스트리트 패션을 좋아하나 보다, 하고 생각하게 된다.

사실 럭셔리 패션 쪽에서 보면 티셔츠가 주된 상품이 되기는 어려웠다. 테일러드 슈트나 드레스처럼 정교하게 갖춰진 착장에는 면 티셔츠가 마땅히 낄 자리가 없다. 물론 고급 브랜드에서도 라이프스타일의 변화에 따라 운동복 라인을 강화해오긴 했다. 1980년대부터 고급스러운 원단으로 만든 피케셔츠, 기하학적 무늬의 티셔츠와 운동복, 휴가 시즌 제품 등이 많이 나왔지만 어디까지나 비일상적 품목이고 보조적인 기능을 수행할 뿐이었다.
티셔츠가 고급 패션에서 본격적으로 모습을 보이기 시작한 건 2010년 중반쯤 니콜라 제스키에르가 발렌시아가를, 리카르도 티시가 지방시를 맡고 있던 시기였다. 마치 스트리트 패션에서처럼 강렬한 프린트를 넣은 티셔츠가 하이 패션 브랜드의 시즌 컬렉션으로 캣

워크에 등장했다.↓
고급 패션 캣워크에 등장한 티셔츠 역시 옷의 생김새나 소재, 착장 방식보다는 무엇이 프린트되어 있느냐가 중요하다. 이를테면 할리우드 SF 영화 포스터풍의 그림이라든지, 화가 난 듯 이빨을 드러내고 있는 로트바일러의 모습에서 패셔너블함이 나온다. 따라서 이 티셔츠들은 여가나 휴식용이 아니라 거리에서 사람들에게 보이고 자신의 이미지를 만들어내기 위해 착용된다. 이런 옷은 고급 패션의 착장 체계 안에서 포인트 아이템으로 점차 효용을 인정받으면서 자리를 얻었다. 바지나 블레이저 등 다른 제품이 티셔츠에 어울리도록 조절되었고, 이 옷들을 희귀 스니커즈와 조합한 룩은 행사장의 연예인부터 거리의 패션 피플까지 모두에게 충분히 통할 만했다.

새로운 세대로 시선을 옮긴 알레산드로 미켈레의 구찌에서도 티셔츠는 빠질 수 없는 아이템이었다. 특히 옛날 구찌 로고를 활용한 티셔츠와 코코 카피탄 등 젊은 아티스트와의 협업 컬렉션은 아주 큰 인기를 얻었다. 스웨트셔츠나 후디 같은 옷도 같은 방식으로 활용되었다. 티셔츠 앞면에 구찌라고 적혀 있으면 되고, 멀리서도 잘 보이게 로고를 크게 넣으면 된다. 이를 기본으로 색을 변주하고 협업 아티스트의 시그니처를 집어넣는다. 단순하지만 확실한 로고 플레이가 가능하다.

→ 박세진, 『일상복 탐구』(워크룸, 2019), 140~152쪽을 참조.

티셔츠가 가진 또 하나의 이점은 일상복 기반의 옷은 핏에 크게 구애받지 않는다는 것이다. 그러니 굳이 매장에 찾아가서 입어보지 않아도 온라인으로 쉽게 구매가 가능하다. 때마침 편안한 오버사이즈 룩이 유행하기도 했다. 별생각 없이 언제 어디서나 편하게 입을 수 있게 심플하면서도 이미지는 확실하다. 처음 샀을 때 상태 그대로 로고와 프린트를 보존할 생각만 아니라면 관리도 어렵지 않다. 사실 레트로를 표방한 구찌 티셔츠는 애초에 색이 닳고 바래 있었다.
이런 상황들이 결합되면서 구찌의 매출은 폭발적으로 증가했다. 2017년에 40퍼센트대의 성장을 기록했고 이후로도 한동안 두 자릿수 성장률을 지속했다.↓ 사실 럭셔리 제품은 가격이 비싸고 소비자층이 고정적이기 때문에 매출이 크게 늘지도, 줄지도 않는다. 그런데 구찌 같은 브랜드의 매출이 한 해에 수십 퍼센트씩 오르는 건 어떻게 봐도 정상적인 상황이 아니었다.

그때까지 대부분의 럭셔리 브랜드는 티셔츠 같은 품목에 별로 신경 쓰지 않았다. 만들어놓은 게 팔리면 즐거워하면서도 그 시장이 잔뜩 무르익어 있음은 놓치고 있었다. 그걸 누군가 알아보면서 본격적인 막이 열리게 된 거다. 구찌의 행보는 현재 누가 구매력을 가지

→ 케링의 리포트를 참조. "Another quarter of outstanding revenue growth," https://www.kering.com/en/news/another-quarter-outstanding-revenue-growth

고 있는지, 그들이 어떤 걸 찾고 있는지, 그렇다면 무엇을 만들어야 하는지 패션업계에 확인해줬다. 이에 따라 여러 브랜드가 새로운 세대에 맞춰 리뉴얼을 시작했다. 이렇게 해서 패션의 본격적인 세대교체가 이뤄진다.

ㄴ 자기 복제와 자기 파괴의 패션

옛날 분위기의 로고를 프린트한 구찌의 티셔츠는 가장 인기 있는 품목 중 하나였다. 예전 구찌의 상징적인 컬러인 녹색과 빨간색 라인에 'GUCCI'가 새겨져 있다. 어딘가 바랜 듯한 색감에 약간은 촌티 나는 조합이지만 새로운 세대들에게는 낯선 모습이고 레트로나 뉴트로로 읽힐 수 있다. 같은 로고가 프린트된 스웨트셔츠와 후디 등도 나왔다. 가만 보면 몇 가지 고유한 특징을 찾을 수 있는데 그중 하나는 빈티지처럼 보이는 가공과 약간 조악한 느낌이 나는 프린트다.

이 티셔츠는 1980년대 관광지에서 저렴하게 판매되던 조악한 가품에서 영감을 얻었다고 한다. 국내에서도 시장 같은 데 가보면 누가 봐도 가짜인데 이탈리아나 프랑스 브랜드 로고가 번듯하게 찍혀 있는 과장된 장식의 요란한 프린트 옷들이 있다. 이런 옷은 정밀한 복제품과는 맥락이 좀 다르다. 브랜드 이름이 여러 국가에 라이선스로 팔려 OEM 제품이 양산되던 시기에 나왔던 옷이거나, 아예 나온 적 없는 옷을 만들어낸 경우도 있다. 심지어 브랜드 이름 몇 개가 같이 프린트되어 있는 옷도 있다. 대개는 그 브랜드를 알지 못하는 사람이 판매하고, 그런 사람들이 구입한다.

앞서 이야기했듯 고급 패션이 가진 대체 불가능한 특징은 소재와 만듦새라 할 수 있다. 동종의 다른 어떤 제품보다 우수하고 잘 만들어져야만 한다. 그런 가치를 사기 위해 사람들은 높은 가격을 지불한다. 고급 패션 브랜드들은 이 방면으로 비용을 아끼지 않을 수 있고 그만큼 더 비싼 가격을 받을 수 있다. 하지만 하이 패션 속에 소재도 만듦새도 크게 차별화가 되지 않는 일상의 공산품이 들어간다면 그러한 덕목을 대신할 다른 특별함이 있어야 한다.

물론 티셔츠도 최고급 면을 쓰고, 미세한 디테일을 남다르게 조절하고, 특별한 공장에서 숙련공들이 만드는 식으로 차별화할 수 있다. 아니면 장인이 한 점씩 만들 수도 있다. 스니커즈나 백팩 같은 제품은 그렇게 만드는 경우가 가끔 있다. 예를 들어 루이 비통과 나이키의 협업으로 나온 에어 포스 스니커즈의 설명을 보면 좋은 가죽으로 장인들이 하나씩 손으로 만들었다고 적혀 있다. 구찌와 아디다스가 협업으로 내놓은 스니커즈 역시 비슷한 방식으로 제작되었다.

하지만 현대의 럭셔리라는 게 과연 구두 장인들이 구

두 대신 운동화를 만들어내는 걸까 하는 의구심이 들긴 한다. 대량생산에 기반한 제품은 디자인이 그렇게 만들어진 이유가 있을 텐데 그걸 손으로 만든다고 더 훌륭한 제품이 될까? 이런 발상은 기계 제조와 핸드메이드 양쪽에 각각 쌓여 있는 장점을 지우는 게 아닐까? 운동화 중에는 고무를 접합하기 위해 가마에 굽는 벌커나이즈(vulcanized) 기법 등 전통적인 공장 생산 방식을 고수하여 웰메이드를 표방하는 제품들도 있다. 운동화는 애초에 공산품이었기에 사실 이쪽이 더 원형의 보존에 가깝다.

이와 같이 제조 공정 측면을 재조명해 제품의 가치를 올리는 일은 고품질 캐주얼 의류 브랜드들이 1990년대부터 이미 해오고 있었다. 흔한 공산품의 예전 생산 방식을 복각하는 것이다. 구찌의 데님을 보면 '일본산 셀비지'를 썼다는 제품이 종종 있는데, 그런 브랜드들의 성과를 바탕으로 나온 제품이다.

제조 방식의 오리지널리티 측면에서도 면 티셔츠 분야라면 헤인즈나 챔피온 등 역사가 깊고 기여도가 있는 브랜드가 많다. 구찌는 역사가 백 년을 넘어섰지만 티셔츠 같은 옷을 줄곧 만들어오지는 않았고 이제 와서 굳이 이쪽 방면으로 특수한 생산 기술을 쌓을 이유도 없다. 고급 패션 브랜드에서도 이제는 공장 생산 의류가 많이 나오고 있지만 복잡하게 생기고 비싼 소재를 사용하기 때문에 그래도 차이가 꽤 드러난다. 프린트나 자수 쪽에서 보자면 티셔츠 같은 옷도 물론 앞서 가는 부분이 있을 거다.

구찌가 가진 특별함 중에는 우선 고급 패션의 이미지가 있다. 수많은 광고와 룩북, 영상, 매장부터 라벨 디자인까지 구석구석 신경 쓰며 끊임없이 구축해가는 이미지 덕에 사람들은 같은 하얀 면 티셔츠라 해도 적혀 있는 로고가 구찌라면 비싸고 멋지고 좋은 옷이겠거니 생각한다. 더 정확히 말하자면 사람들이 구입하는 건 티셔츠가 아니라 구찌가 가진 고급 패션이라는 이미지다. 하지만 이것만 가지고는 기반이 불안정하다.
이러한 여러 가지 방식을 이용해 기존 공산품과의 차별점을 만들 수는 있겠지만 티셔츠처럼 단순한 옷에서는 아무래도 한계가 있다. 다른 제품으로는 대체되기 어려운 유니크함을 패션의 외부에서 가져와야 한다. 그런 이유로 다른 브랜드나 아티스트와 협업을 하고 가공된 과거의 로고를 활용하는 거다. 이는 특별함과 가치를 얻을 수 있는 좋은 방식이기 때문에 스트리트 패션 쪽에서는 이미 많이 활용되어왔다.

구찌의 경우 이런 방법 중 하나로 모조품을 자신들이 직접 내놓았다. 자신을 복제한 결과물을 발굴한 다음 그걸 복제해 다시 고급 패션으로 만들어낸 거다. 흥미를 자아내는 재미있는 트릭이다. 하지만 이런 방식은 하이 패션의 근본적인 지점을 건드린다. 우선 진짜와 가짜의 경계가 모호해진다. 이 티셔츠의 등장 이후 1980~90년대에 실제로 나왔던 시장판 가짜 구찌 스웨트셔츠, 부트레그 티셔츠 같은 옷들이 중고 시장에서 인기를 얻기도 했다.
브랜드의 고유한 이미지를 무시하고 가로질러 버리는 모조품 특유의 우악스러운 강렬함은 위조품 패션(counterfeit fashion)이라는 하위 트렌드를 형성하기도 했다. 과장과 유머에 의미를 부여하고 브랜드 네임 중심의 패션 문화를 비꼬는 풍자로 해석해 일부러 그런 옷을 찾는 것이다.
그런데 이런 카피의 카피는 원본의 출처가 불확실하고, 그렇다면 진짜 구찌 티셔츠라는 게 대체 뭐냐는 문제가 생긴다. 원본인 가짜 구찌 티셔츠가 애초에 구찌가 진짜로 내놨던 옷을 복제한 게 아니기 때문이다. 이런 점에서 회사에서 정식 라벨만 붙이면 진짜가 되는 건가, 패션의 가치는 어디서 나오는가 하는 근본적인 의문이 들게 된다. 물론 법적으로 봤을 땐 이론의 여지가 거의 없다. 논리적이기보다 감정적인 의문이다.

이 문제는 실용적인 측면에서 바라볼 수도 있다. 인터넷 덕분에 이른바 '되팔이'와 중고 거래가 활성화되면서 정품 확인을 해주는 리세일 사이트가 생겨나고 진짜와 가짜를 구별하는 방법에 관한 정보가 계속 쌓이고 있다. 티셔츠는 복제가 쉬운 제품이지만 정품을 구입하면 생기는 이득이 있다. 일단 정식 버전을 제값 주고 사서 입고 다니는 데서 오는 심리적인 만족이 있다. 이보다 더 큰 이점은 경제적 효용이다. 정품은 감가상각률이 낮기 때문에 구찌 패션의 이미지를 적당히 소비하다가 인기가 식기 전에 판매해도 큰 손해가 나지 않는다. 심지어 간혹 더 비싸게 팔 수도 있다. 확실한 효용인 셈이다.
어쨌든 럭셔리 브랜드가 '복제의 복제' 문제를 직접 건드리며 자신의 존재 기반을 이용해 패션적 농담을 던지는 방식을 구찌는 몇 개의 컬렉션을 통해 한층 더 심화시켰다. 원본과 복제본의 관계 문제가 알레산드로 미켈레의 구찌에서 다루는 기본 주제 중 하나이기도 했다. 대표적인 예로 구찌고스트와 대퍼 댄, 두 인물과의 협업 컬렉션을 들 수 있다.

먼저 구찌고스트는 본명이 트레버 앤드류로 캐나다 출신의 스케이트보더이자 스노보더, 뮤지션, 종합 예술가다. 스노보더로 올림픽에 두 번이나 출전하기도 했던 그는 부상을 당한 뒤 음악계에 진출했다. 이후 여러 활동을 병행하고 있으며 구찌고스트는 2012년 핼러윈 때 만든 그의 또 다른 자아다.
브랜드 구찌가 자주 사용하는 GG 로고는 글자 G가 서로 마주 겹쳐 있거나 뒤쪽 G가 뒤집혀 있다. 구찌고스트는 이를 응용해 두 개의 G가 떨어져 마주 보고 있는 이미지를 만들었다. GG는 GucciGhost의 약자이기도 하다. 그는 2016년까지 옷이나 버려진 가구 등에 이 로고를 활용한 유령 그림을 그려 넣었고 뉴욕 곳곳에 그래피티 작업도 했다.
누군가 자사의 로고가 연상되는 이미지를 가지고 여러 일을 하면 패션 브랜드 쪽에서는 무시하고 모른 척하거나 고유한 상표의 이미지를 훼손했다는 이유로 소송을 건다. 좋은 식으로 사용했다고 해서 그냥 넘어가지는 않는다. 통제할 수 없는 곳에서 예측하지 못한 일이 벌어지면 아주 많은 비용을 들여가며 섬세하게 구축한 브랜드 이미지에 영향을 미칠 수 있기 때문이다. 그래서 보통은 못 하게 막는다.
그런데 이 시기, 구찌는 이런 작업을 하는 사람과의 협업을 선택했고, 구찌고스트의 그래피티가 들어간 옷과 액세서리 80여 종을 출시했다. 이것도 진짜를 모방한 가짜를 가져다가 다시 진짜를 만들어낸 사례다. 이 컬렉션에 등장한 'REAL'이라고 적힌 토트백은 특히 도드라진다. 구찌 매장에 놓여 있을 테니 누구나 진짜라는 걸 당연히 알 텐데 굳이 적어놓은 거다.

이런 방식은 2017년에 나온 GUCCY 프린트 시리즈(틀린 철자 사용)나 2020년의 FAKE/NOT 컬렉션(제품의 앞에는 'FAKE', 뒤에는 'NOT'을 적어놨다)과 연결 지어볼 수 있다. 이는 모조품 문화에 대한 조롱일 수도 있지만 적힌 단어와 제품 사이의 관계에 대한 이야기이기도 하다. 면 티셔츠 앞면에 GUCCI를 새기는 것, 넓게 말하자면 로고를 박아 정품이라는 사실을 알리는 것과 다르지 않다. 어차피 베끼는 쪽에서는 REAL, FAKE, GUCCY 같은 단어도 다 사용하게 될 거다.

한편 대퍼 댄과의 협업도 인상적이었다. 대퍼 댄은 1980년대에 뉴욕 할렘에서 '대퍼 댄의 부티크'라는 매장을 운영했던 디자이너다. 옷 만드는 기술은 배운 적 없었음에도 아이디어가 넘쳐 나는 사람이었기에 제작팀을 꾸려 운영하면서 자신의 생각을 반영한 옷을 제작했다. (최근에는 이런 식으로 옷을 만드는 사람들이 꽤 많다.)
그는 특히 구찌, 루이 비통, 펜디 등의 로고가 잔뜩 들어 있는 모노그램 패턴의 직물을 가지고 새로운 옷을 만들어내는 것으로 유명했다. LL 쿨 J, 솔트앤페파, 보비 브라운 같은 유명 뮤지션의 옷을 제작하고 스타일링을 담당하기도 했는데, 그의 옷은 과시하기 좋아하는 이들이 가득한 힙합 스트리트 패션에서 큰 인기를 누렸다. 하지만 로고를 무단으로 사용하는 것은 당연히 범죄였고 위조 등의 혐의로 소송이 걸리면서 결국 매장 문을 닫게 된다. 이후 메인스트림에서는 멀어졌지만 언더그라운드에서 꾸준히 옷을 만들었다고 한다.

1980년대에 그가 제작한 옷 중에 올림픽 금메달리스트인 다이앤 딕슨에게 만들어준 것이 있다. 루이 비통의 모노그램 원단으로 어깨를 잔뜩 부풀린 모피 재킷이다. 그런데 2017년 여름에 열린 구찌의 크루즈 패션쇼에 거의 똑같이 생긴 옷이 등장했다. 루이 비통의 모노그램 패턴이 구찌의 것으로 대체되었을 뿐 동일한 형태의 모피 재킷이었다.

그렇지 않아도 구찌가 진짜/가짜 문제와 1970~80년대 대중문화를 탐구한다는 명목으로 당시 디자인을 사용하는 데 대해 사람들의 의구심과 비판이 제기되던 참이었다. 도용 문화로 피해를 받았다지만 구찌는 복제를 행한 당사자이기도 하다. 80년대에 시장에서 판매되던 조악한 복제품도 만든 사람이 있고, 브랜드 이름을 도용했지만 구찌와는 다른 독창적인 분위기가 있다. 이런 옷을 상표권을 가진 쪽에서 가져다 쓴다고 해서 도용에 대한 감정적인 문제가 사라지는 건 아니다.

구찌는 다이앤 딕슨이 입었던 옷과 어떻게 봐도 같은 아이디어와 형태의 옷을 만들었고 원작에 대한 표시도 하지 않았다. 결국 딕슨이 SNS에 두 옷의 사진을 함께 올리고 구찌가 베꼈다고 주장하면서 일이 커졌다. 원작이 루이 비통의 상표를 도용했다는 문제가 있었으나 이는 논란의 대상이 되지 않았다. 관광지 가품을 베낀 티셔츠도 그렇지만 원본이 지닌 법적인 맹점을 이용한 전략이라 볼 수도 있겠다. 부트레그 제품은 대개 만든 사람이 누군지 알 수 없어서 넘어갔지만 이 경우엔 대퍼 댄과 다이앤 딕슨이 꽤 유명한 사람이라는 게 달랐다.
결국 구찌에서 이는 도용이 아니라 80년대 대중문화에 대한 오마주, 즉 존경의 표시였다고 답을 했다. 이후 대퍼 댄과의 협업을 발표했고 2019년에는 '대퍼 댄-구찌' 리미티드 매장을 할렘에 오픈하면서 관계를 오히려 확대했다. 아무튼 이 옷 역시 진짜를 도용한 가짜를 가져다가 다시 진짜를 만들어낸다는 점에서 앞서 말한 몇 가지 예와 같은 방향의 도식으로 설명이 가능하다.

이 협업은 알레산드로 미켈레의 진짜/가짜 탐구 외에도 다른 의미가 있다. 같은 해인 2017년 루이 비통은 슈프림과의 협업 컬렉션을 발표했다. 즉, 유럽의 패션 브랜드 중에서도 가장 영향력 있는 브랜드들과 미국 스트리트 패션의 연결이 본격화되고 있었다. 구찌와 대퍼 댄의 협업 컬렉션 출시 및 매장 오픈 역시—패션 디자이너의 일방적인 미국 문화 해석이 아니라—미국 스트리트 문화와의 직접적인 연결점을 깊숙한 곳에서부터 만들기 시작했다는 의미를 가진다. 이런 움직임은 루이 비통이 버질 아블로를 아티스틱 디렉터로 임명하면서 하나의 결실을 맺게 된다. 그렇지만 다시 생각해보면 미국 문화에 뿌리를 둔 패션이라고 해도 제품을 제대로 고급화해 팔아서 얻는 이익은 대형 유럽 패션 회사의 차지가 될 거라는 선언처럼 보이기도 한다. 여기에서도, 여전히, 유럽이 생산하고 나머지 세계가 소비한다는 원칙이 유지된다.

구찌는 이후에도 구찌-발렌시아가 협업, 모델 자신의 얼굴을 본뜬 두상 액세서리, 쌍둥이 패션 등을 통해 복제와 재복제의 문제를 다룰 뿐만 아니라 과거와 현재, 다른 성적 지향과 다른 생김새, 자신과 타인의 경계 지점에 주목했다. 그리고 그 경계에서부터 각각의 제품이 각각의 인간을 향해 가며 만들어지는 관계에 대한 탐구를 계속하고 있다. 이는 알레산드로 미켈레의 구찌가 차곡차곡 쌓고 있는 큰 주제라 할 수 있다.

예를 들어 2023 SS 패션쇼에서 구찌는 트윈스버그 컬렉션을 발표했다. 외모가 똑같은 쌍둥이가 똑같은 착장을 하고 등장했지만 그럼에도 각자의 개성이 드러날 수밖에 없다는 걸 표현했다. 구찌-발렌시아가 협업 컬렉션의 경우에는 두 럭셔리 브랜드의 로고를 겹쳐 사용함으로써 로고 패션과 고가 패션 문화의 현재 모습을 보여주었다. 이런 식의 접근에는 고급 브랜드의 로고 자체가 패션이 되는 현실을 희화화하는 자기 조롱의 뉘앙스가 흐른다. 럭셔리 브랜드가 이렇게 자기 파괴적인 줄타기를 하면서 자조적인 제품을 내놓자 새로운 세대는 호응했다. 새로운 세대는 일단 웃기면 좋아하고 즐기는 경향이 있기 때문이다. 이런 상성은 서로를 증폭시키며 강화한다. 이전에 봤던 건 시시해지니 점점 과격해질 수밖에 없다.

과격한 이런 흔들림이 꼭 나쁘다는 건 아니다. 럭셔리 패션 문화를 이용하는 사람들이 바뀌면서 경계가 헐리며 평평해지고 있고 이미 한계를 보이는 중이다. 앞으로 새로운 영역을 만들어 돌파구를 마련해야 하는 상황이다. 마찬가지로 소비자 쪽도 멋지게 보이기 위해서는 창의력이 필요해졌다. 지금 목격하는 건 기존 럭셔리 패션 문화의 분해 과정이며 이 단계가 지나고 나면 새로운 양식이 만들어질 것이다. 가만히 두기보다는 흔들어대는 게 새로운 것의 탄생 가능성을 높인다.

리셋이 되면 무명 디자이너에게도 새로운 기회가 올 가능성이 생기긴 하겠지만 이미 높은 위치를 점유하고 있는 쪽이 아무래도 유리하다. 더 많은 자본과 채널을 가지고 있기 때문이다. 평판이나 소문처럼 실체 없는 기준에 기댈수록 기성의 체계를 흔들기는 어렵다. 유럽 패션 브랜드가 미국 스트리트 패션과 관련된 디자이너를 흡수하는 모습에서 볼 수 있듯 기존 체계는 자본과 이미지 메이킹 능력에서 앞서 있으며 사람들의 생각을 주도할 수 있는 힘을 가지고 있다. 변화가 생겼다고 해서 신인 디자이너가 비집고 들어갈 틈이 확 넓어진 건 아니다. 그러므로 새로운 영역을 개척하며 성장하는 꿈을 꾸기보다는 어느 정도 전진했을 때 케링이나 LVMH 같은 대형 기업에 영입되는 게 훨씬 현실적인 방법이 된다. 그렇게 되면 만들고자 하는 변화도 큰 기업들의 사업 계획 아래 놓일 수 있다.

앞서 살펴보았듯이 럭셔리 패션의 새로운 시기를 형성하는 데 꽤 큰 공헌을 한 알레산드로 미켈레가 2022년 11월 구찌를 떠난다는 발표가 났다. 2015년 그가 수장을 맡은 이래 2019년까지 구찌는 매출이 세 배나 오를 정도로 괄목할 만한 성과를 보여줬지만 이후부터 감소세를 보이고 있다. 무엇보다 루이 비통이나 에르메스 같은 경쟁 브랜드들에 비해 성장세가 둔화된 게 원인으로 지목된다.
하지만 그게 전부는 아닐 거다. 케링은 매출과 비평 모두에서 좋은 성과를 보이던 보테가 베네타의 다니엘 리를 2021년에 교체했다. 미켈레가 물러난 것도 방향 전환을 염두에 둔 구찌의 결정이라 하겠다.
2023년 구찌는 새로운 크리에이티브 디렉터로 사바토 데 사르노가 결정됐다고 발표했다. 미켈레와 마찬가지로 외부에는 그렇게 알려져 있지 않은 패션계 내부 사람이다. 이전에 꽤 여러 군데에서 일했는데 최근

13년간은 발렌티노에서 상당히 중요한 역할을 맡았다고 한다. 구찌가 지금과는 조금 다른 방향을 향하게 되는 건 분명할 듯싶다.

무너진 포멀웨어의 세상,

발렌시아가

ㄴ 포스트 소비에트의 흔적

밀레니얼과 Z세대에 새로운 시장이 있다는 걸 확인한 후 브랜드 체제 정비에 나선 패션 그룹 케링↓은 알레산드로 미켈레를 구찌의 디렉터로 임명한 데 이어 2015년 중반에는 발렌시아가의 크리에이티브 디렉터를 알렉산더 왕에서 뎀나 바잘리아로 교체한다. 당시 뎀나는 동생 구람 바잘리아와 함께 2014년 론칭한 베트멍을 운영하고 있었다.

뎀나 바잘리아는 1981년 조지아의 수후미에서 태어났다. 당시 조지아는 소비에트 연방에 속한 공화국이었다. 1980년대에 조지아는 독립 운동 중이었고 1991년 소련이 해체되면서 비로소 독립한다. 하지만 곧바로 정파와 민족 문제로 내전이 시작되고 무정부 상태가 되었다. 1995년에야 정부가 들어섰고 1997년부터 조금씩 안정을 찾기 시작했다.

→ 케링은 구찌와 발렌시아가 외에도 입생로랑, 보테가 베네타, 알렉산더 맥퀸, 브리오니 등의 패션 브랜드와 부쉐론, 율리스 나르덴 등의 주얼리, 시계 브랜드를 보유하고 있다.

러시아를 비롯해 연방에 소속되어 있던 국가들은 이 시기에 혼란을 겪었다. 공산주의 시절에 갖춰져 있던 사회복지 제도가 후퇴하고 무정부 상태 속에서 범죄가 증가했다. 동시에 닫혀 있던 문이 열리면서 상업적, 성적 서구 문화가 급격하게 유입되자 문화 충돌이 발생했다. 이런 격변 속에서 서구 문화를 받아들이고 자유와 기회를 꿈꾸는 포스트 페레스트로이카 세대가 등장했다. 그리고 이들이 품은 화려한 삶에 대한 환상과 현실 사이의 괴리는 관능과 유희, 조롱과 자학이 넘치는 패션을 만들어냈다.

뎀나 바잘리아의 10대 시절은 이 복잡한 시기를 관통하고 있었다. 20대에 접어들면서 가족이 독일로 이주했고 뎀나는 2002년 벨기에 안트베르펜의 왕립예술학교에 입학한다. 사실 그 전에 경제학을 공부했고 은행에 취직이 결정되었는데 패션을 하겠다고 다시 학교를 갔다고 한다. 이후 2010년쯤 메종 마르탱 마르지엘라에 들어가게 된다. 디자이너 마르탱 마르지엘라는 패션계를 떠나고 브랜드가 집단 디자이너 체제로 컬렉션을 선보이던 시기다.
동구권이나 러시아에서 비슷한 시기에 어린 시절을 보내고 서구의 패션계에 진출한 사람들이 더 있다. 고샤 루브친스키, 티그란 아베티스얀 같은 디자이너와 스타일리스트 로타 볼코바, 패션 칼럼니스트 미로슬라바 듀마 등이다. 듀마는 패션 웹사이트 뷰로 24/7을 설립하기도 했는데, 2018년 SNS에 인종차별 발언을 공유하면서 논란을 빚은 데 이어 트랜스젠더에 대한 반감을 드러내는 언급을 했던 게 발견되면서 사과하고 이사진에서 내려오는 일이 있었다.
이들이 어릴 적 경험한 문화 충돌기의 패션은 매장에 촘촘하게 걸려 있는 나이키와 아디다스, 어디서 들어본 것 같은 유명하다는 디자이너 브랜드들, 그리고 현란하고 반짝거리고 과장되고 관능적이면서도 허황된 유머가 있으며 가짜인지 진짜인지 알 수 없는 그런 옷들이었다. 이렇게 밀려오는 미국과 유럽의 패션 문화 속에서 고프닉이라는 청년문화도 등장했다.

소련이 붕괴된 1990년대 초반부터 2000년 정도까지 강력한 세력을 형성했던 좌절과 반항의 청년문화인 고프닉은 러시아를 비롯해 구소련 여러 나라에서 유행했다. 이들은 주로 교외 노동계층 집안의 어린 자녀들로, 1980년 모스크바 올림픽 때 선수들에게 보급되며 인기를 끈 아디다스나 푸마의 트랙슈트를 입고 쪼그려 앉아↓ 러시아 샹송을 듣고 해바라기씨를 먹으면서 싸구려 보드카를 마셨다. 정치적으로는 러시아 극우파가 많긴 한데 중도부터 네오나치, 좌파까지 넓게 분포했기 때문에 큰 의미는 없다. 고프닉은 2010년대에 접어들면서 쇠퇴했지만 구소련 지역 곳곳의 갱단이 비슷한

→ 슬라브 스쾃 자세라고 불리는데 차가운 바닥에 앉는 걸 피하기 위해 생겨난 러시아 감옥 문화라고 한다.

복장을 입기도 하고, 패션에서 다양한 방식으로 이용되고 있다.

뎀나 바잘리아는 2014년 베트멍을 론칭한다.↓ 이 브랜드로 그는 본격적으로 국제적 명성을 누리는 디자이너가 되었다. 베트멍은 뎀나 바잘리아가 창립 멤버이긴 하지만 마르지엘라나 루이 비통에서 일하던 시절이나 안트베르펜의 학교에 다닐 때 만난 여섯 명의 디자이너 그룹이 만들어낸 디자인 컬렉션이라 할 수 있다. 또한 그는 앞서 언급한 구소련 지역 출신 패션 관계자들과도 폭넓게 교류했다. 이렇게 보면 베트멍은 그 이름 아래에 모인 느슨한 크리에이티브 집단에 가깝다. 베트멍은 실용적인 접근을 앞에 내걸고 현대 젊은이들이 입는 스타일의 패션을 제시했다. 주변에서 젊은 세대들이 지금 입고 있는 친숙한 옷을 패션 버전으로 바꿔놓은 거다. 이런 점은 미국의 일상복을 패션화한 스트리트 패션과 일맥상통한다. 미국 스트리트 패션은 공산품을 가져다가 염색을 하거나 프린트를 넣는 방식이 많았지만, 베트멍은 초창기의 재가공 단계를 거친 후 본격적인 패션 브랜드가 되면서는 기존 옷의 핏과 소재를 조절해 소량 생산했다. 이러면 비용이 높아지지만 적어도 겉으로 봤을 때 모습이 기존의 양산 제품

→ 뎀나 바잘리아에게 포스트 소비에트가 미친 영향은 조은애, 박주희, 「패션디자이너 뎀나 바잘리아의 작품에 나타난 포스트 소비에트의 영향」, 『한국패션디자인학회지』 제17호(한국패션디자인학회, 2017), 137~153쪽을 참조.

들과 크게 다르지는 않다. 물론 섬세하게 디자인되었으니 최신 패션이라는 느낌이 물씬 나기는 한다. 큰 사이즈의 옷과 오버사이즈 룩은 다르게 디자인되는 것과 비슷하다.

베트멍의 컬렉션은 몸에 비해 지나치게 큰 오버사이즈, 손을 다 덮는 긴 소매, 과장되게 각진 어깨, 트레이닝슈트와 트렌치코트 혹은 테일러드 재킷과 레깅스의 조합, 네온 컬러의 포인트 등 기존의 착장 방식을 무시하는 낯선 룩을 만들어냈다. 거기에 예전 헤비메탈 밴드 티셔츠나 세기말 사이버펑크 분위기의 프린트를 넣는가 하면 욕설이나 경구를 적기도 했다.
이런 식으로 흔한 옷이 비범함을 획득했다. 옷의 생김새에 유머가 들어 있고, 입을 수 있는 건지 아닌지 헷갈리게 만든다. 그리고 그게 패션이 된다. 옷을 보면 떠오르는 의문과 당혹, 익숙한 옷의 불균형이 만들어내는 낯섦과 웃김이 모두 베트멍의 패션이다.

패션이란 절대적인 미감 같은 걸 찾는 영역이 아니라 사회 속에서 유동적으로 형성되는 합의의 영역이다. 그러므로 이런 모습을 패셔너블하게 여기는 게 세상에서 통용되는 이상 별문제 없다. 테일러드 옷, 스키니한 옷이 패셔너블하다고 느꼈던 시절에는 그런 게 패셔너블하다는 사회적 동조가 있었다. 오버사이즈 룩, 몸을 무시하는 룩도 마찬가지다. 몸을 넣을 수만 있다면 옷이고, 그 옷이 특별함을 만들어낼 수 있으면 그만이다. 특히 최신의 패션을 시도하는 건 타인에게 보내는 신호가 될 수도 있다.

패션은 개개인의 개성을 보다 분명하게 드러내는 영역이지만 유행의 관점에서 보자면 집단적일 수밖에 없다. 즉 디자이너든 패스트패션 회사든 군복이나 작업복을 대량 생산하는 공장이든 누군가 만들어놓은 옷을 사람들이 소비하는 형태로 이뤄지기 때문에 유행의 규모와 범위에 차이가 있을 뿐 집단적인 경향을 내포하기 마련이다. 그러므로 패션을 통해 서로를 알아보는 일은 항상은 아닐지라도 중요할 때가 있다. 물론 고프닉풍으로 옷을 입었다고 해서 그 사람이 극우파인지 극좌파인지 혹은 갱단의 일원인지 알아낼 수는 없다. 이런 접근에는 편견이 개입하지 않도록 주의가 필요하다.

일상복을 대상으로 옷과 사람의 불균형을 의도하는 베트멍의 접근 방식은 큰 각광을 받았고, 이후 많은 브랜드에서 티셔츠와 스웨트셔츠, 바람막이와 아웃도어 카고팬츠 등을 각자 나름대로 해석하고 변형해 재생산했다. 그리고 뎀나 바잘리아는 발렌시아가의 크리에이티브 디렉터로 들어가게 된다. 베트멍과 비교해 발렌시아가는 선보이는 패션의 폭이 넓고, 어떤 세계관을 구체화시킬 자본력과 파급력이 강하다. 그곳에서 뎀나 바잘리아는 자신이 펼치려는 패션 세상이 어떤 모습인지 더 확실하게 보여줄 수 있게 되었다.

뎀나 바잘리아의 베트멍과 발렌시아가는 몇 가지 차이가 있다. 베트멍이 젊은 세대의 일상적인 옷에서 시작해 상황, 사이즈, 포즈 따위를 왜곡하며 나아간다면 발렌시아가의 출발점은 어쨌든 크리스토발 발렌시아가의 건축적이고 우아한 테일러드 패션이다.
크리스토발 발렌시아가는 1895년 스페인 출생의 디자이너로, 절제되고 세련된 테일러링과 정교하게 장식된 이브닝드레스 등으로 명성이 높았다.↓ 1919년 스페인에서 브랜드를 론칭했다가 내전을 피해 1937년 파리로 옮겨 갔다. 그곳에서 1960년대 말까지 브랜드를 이끌다가⊕ 1968년 은퇴했고, 그때부터 1986년까

→ 밸러리 멘데스, 에이미 드 라 헤이, 『20세기 패션』, 김정은 옮김(시공아트, 2003), 111~112쪽.

⊕ 나치의 파리 점령기 동안 폐쇄되지 않고 계속 운영했을 뿐만 아니라 파리가 물자 부족에 시달리던 와중에 스페인에서 재료를 공수해 경쟁 우위를 누릴 수 있었던 것 등 논란이 있었다. 이는 스페인 독재자 프란시스코 프랑코와의 친분 덕분으로 여겨지는데 발렌시아가는 프랑코 가문을 위해 여러 옷을 제작했었다. 관련 내용은 Peter Popham, "Fashion and fascism: a love story," *The Independent*, 6 March 2011, https://www.independent.co.uk/life-style/fashion/news/fashion-and-fascism-ndash-a-love-story-2233481.html 등을 참조.

지 브랜드 운영이 중단되었다. 운영 재개 후 소유주가 몇 번 바뀌었다가 2001년 케링이 사들였고 니콜라 제스키에르가 브랜드를 이끌게 되었다. 이후 알렉산더 왕 등을 거쳐 2015년부터 뎀나 바잘리아가 크리에이티브 디렉터를 맡게 되었다.

일상복 대신 발렌시아가의 패션을 다루게 된 것 외에 뎀나 바잘리아 발렌시아가의 패션에서 주목해볼 만한 것은 패션의 배경이다. 그의 발렌시아가 패션은 가상 세계에 놓인다. 이 세계는 고액 연봉자의 퇴근 후(2018 SS 남성복), 파파라치를 피하는 연예인(2018 SS 광고 캠페인), 디지털 마인드 속(2019 SS), 의회(2020 SS), 기후 위기로 망해버린 세상(2020 FW), 전쟁으로 망해버린 세상(2022 FW) 등이다. 굳이 패션을 찾을 것 같지는 않지만 그래도 분명 패션이 있기는 한 약간 뒤틀린 상황들이다. 환경오염이나 전쟁으로 세상이 이미 끝나버린 듯 캣워크 바닥에는 물이 고여서 걸음마다 흙탕물이 튀기도 하고, 살림을 담은 듯한 쓰레기봉투를 손에 쥔 모델이 눈보라를 뚫고 걷기도 한다.

이런 배경은 구찌와 대조적이다. 구찌 쪽은 기본적으로 흥겨워 보이는 과잉의 세계이자 화려하고 꽃이 휘날리는 젊음의 유토피아다. 이에 반해 발렌시아가의 세계는 어둡고 컴컴한 세기말의 디스토피아다. 물론 유토피아에 놓인 패션이라고 해서 마냥 낙관적으로 보이지는 않는다. 세상이 희망적이지 못하니 그런 환상을 만들어내는 걸 수도 있다. 그래서인지 어쨌든 서로 반대 방향을 향하던 두 브랜드가 2021년에 함께 협업 컬렉션을 내놓기도 했다. 하지만 그 컬렉션은 아쉽게도 유토피아도 디스토피아도, 그렇다고 제3 지대도 아닌 애매한 곳에 잔뜩 새겨진 로고만 흩날리며 착지해 버리긴 했다.

베트멍 시절부터 발렌시아가까지 뎀나 바잘리아의 패션에서 이어져온 공통점은 평범하게 여겨지던 것들을 패션화하는 방식이다. 그는 생각지 못했던 지점을 찾아내고, 당연시되던 것들을 어긋나게 해 불균형을 일으킨다. 그리고 그걸 패션으로 만든다. 아무리 봐도 맞지 않는 사이즈와 잘못된 배치를 통해 기존에 우리가 알고 있는 몸과 옷 사이즈의 관계, 럭셔리 패션 특유의 우아함이나 진중함을 의지를 가지고 망가트린다.
앞 세대의 패션을 경험해온 사람들은 이게 무슨 옷인가 싶을 수도 있겠지만 뎀나 바잘리아의 말에 따르면 이런 게 바로 현대의 세련됨이다. 세상의 통념에 아랑곳하지 않고 주목받는 걸 즐기기는 패션이라는 개성의 장이 가지는 기본적인 목표다. 그걸 실천하는 사람이 아주 많지는 않은 건 현실적인 장벽이 높기 때문이기도 하다.
한때는 양복을 입기만 해도 멋쟁이라는 소리를 들었다. 그런데 패스트패션 시대에 테일러드풍 셋업은 가장 저렴하게 구입할 수 있는 옷 중 하나가 되었다. 그보다는 발렌시아가에서 내놓는 일곱 겹 겹쳐 입는 패딩, 몸집만 한 가방, 팔이 들어가도록 디자인된 가죽 백, 강아지용 도자기 밥그릇과 은색 브라스 뚜껑 세트 같은 요란한 제품들이 사람들의 시선을 더 확실하게 끈다. 게다가 가격이 비싸고 적게 만들어서 구하기 어렵기 때문에 아무나 사서 입고 다닐 수 없다. 고급 패션 특유의 희소성과 배타성이 있는 것이다.
스트리트 패션 브랜드들이 나오기 시작한 1990년대 초반만 해도 슈프림 NY나 베이프 같은 대표적인 브랜드는 말끔하게 정리된 미니멀한 디자인이 특징이었다. 마구 입고 다니며 운동도 하고 일도 하는 일상적 아이템이지만 깔끔하고 단정한 모습에 화려한 컬러와 로고, 유니크한 프린트를 더해 기존의 패션과 차이를 만들어냈다.
하지만 베트멍이나 발렌시아가, 구찌가 표현하는 스트리트 패션은 이와 다른 방식을 취한다. 온갖 요란한 옷들, 그것도 예전 같았으면 몸에 전혀 안 맞는다고 했을 사이즈의 옷들을 맥시멀하게 겹쳐 입고 멋대로 조합한다. 그런 마구잡이는 사람들에게 시각적 충격을 주며, 이제는 어느 정도 말끔하게 정리되어 있는 일상복 패션과의 차이점을 부각시킨다.

이런 복잡함과 밀도감이 주는 즐거움을 경험하고 나면 웬만한 모습에는 놀라지 않고 더 강한 충격을 기다리게 된다. 그러는 동안 패션은 점점 더 극단적으로 치닫는다. 옷을 입는 입장에서도 기존과 다른 방식을 보며 다양한 영감을 얻는다. 이를테면 가지고 있는 옷을 어떻게든 몇 겹씩 껴입고 다니면 재미있지 않을까 하는 생각에 모험심이 발동하기도 한다. 이렇게 해서 각자의 패션 세계가 확장된다.

패션을 즐기는 이런 방식은 과장된 옷, 못생긴 옷과 함께한다. 여기서 '못생긴'이라는 말에는 약간의 주의가 필요하다. 못생겼다는 건 잘생긴 것을 기준으로 한다. 그리고 잘생겼다는 건 기존의 옷이 가지고 있던 질서를 의미한다. 그러므로 못생겼다는 말은 사실 적합한 단어가 아니다. '뚱뚱한'(chubby), '어글리', '촌티 나는' 패션 등으로 표현할 수도 있지만 종합하면 결국 기존의 익숙한 패션과는 방향성이 다른 옷이라는 의미다.

사실 어딘가 괴상하고 못생긴 옷을 패션으로 만드는 시도는 꽤 오래전부터 있었다. 새롭고 낯선 이미지는 분명 임팩트가 있기 때문이다. 마크 제이콥스가 1990년대에 선보인 그런지 룩이나 비비안 웨스트우드의 2010년 홈리스 룩은 럭셔리 세상 바깥의 낯선 모습을 그 안으로 끌고 와 재구성하는 방식을 보여줬다.

하지만 이 경우 만들어낸 이미지와 실제 사용자가 분리되어 있기 때문에 가난의 상품화, 반사회 운동의 상품화 같은 윤리적 문제가 생기기 쉽다. 이런 문제는 외부의 문화를 가져다가 배타적 영역을 구축하는 고급 패션에 언제나 존재한다. 그러면서 굳이 자기변호를 하고 싶다면 브랜드의 다른 사회적 활동과 결합해 일관성을 보여줘야 한다. 그래야 그나마 변명할 거리라도 있게 된다.

아무튼 이렇게 불협화음을 만드는 시도는 하이 패션에서 양념 같은 자리를 차지하고 있었지만 고프코어(gorpcore) 룩의 등장과 함께 영역이 한층 넓어졌다. 고프코어 룩은 1980년대의 나일론 패딩 점퍼와 파타고니아의 레트로-X나 유니클로의 후리스, 하얗게 될 정도로 물이 빠진 리바이스 청바지, 노스페이스의 바람막이와 웨이스트백, 테바의 샌들, 목이 늘어나고 색이 바랜 메탈 밴드 프린트 티셔츠 같은 옷을 편하게 입는 걸 말한다. 사이즈가 맞지 않아도 상관없고, 이런 걸 입어도 괜찮을까 싶을 만큼 컬러가 요란해도 상관없다. 낡은 옷은 더욱 좋다.
이런 모습은 패션 따위 신경 쓸 돈도 시간도 없는 학생들, 편한 복장을 무엇보다 선호하는 실용적인 여행자들, 옷이란 몸을 가리고 추위를 막아주면 그만이라고 생각하는 패션에 무심한 사람들, 그리고 비슷한 맥락에서 등산복을 즐겨 입는 한국 중장년들의 옷차림에서 이미 볼 수 있었다. 사실 오랫동안 주변에 존재해온 모습이지만 이렇게 옷을 입으면 패션 파괴자라는 등의 개탄이나 들었다. 패션에 전혀 신경 쓰지 않는 이런 사람들의 모습을 멋진 모습으로 패션화하고 있는 거다.

옷에 대한 태도의 측면에서 보자면, 마치 스포츠 샌들에 양말을 신는 감각이라 할 수 있다. 여름에 더우니까 편하고 바람도 잘 통하는 스포츠 샌들을 신는다. 하지만 땀이 나니까 거기에 양말을 신는다. 이런 식의 선택에는 오직 실용과 편의가 있을 뿐이지 어떻게 해야 멋지게 보일까를 고려하는 기존의 패션 감각이 개입할 자리는 없다. 이렇게 목표를 향해서만 달려가는 매칭은 이전에 본 적 없는 마구잡이식 룩을 만들어낸다.

앞서 이야기한 조악한 관광지 티셔츠를 복제한 제품의 경우와 마찬가지로 이런 재래시장 감성 패션은 새로운 세대에게 꽤 인기가 좋다. 그래서 불가리아 출신의 패션 디자이너 키코 코스타디노프가 서울의 동묘 시장을 방문했다가 기존의 착장 방식을 완전히 무시한 극단적 실용주의 패션을 보고 감탄해 SNS에 사진을 잔뜩 올렸다는 이야기가 화제가 되기도 했다. 익숙한 틀을 무시하고 패션이 아니었던 것으로 패션을 만들어내는 이런 방식은 과거의 착장 규칙에 연연하지 않으려는 새로운 세대에게 매력적으로 다가가고 있다.

참고로 고프코어 패션은 지금은 의미가 약간 달라져서

'캠핑 시크' 같은 뜻으로 많이 사용된다. 즉 캠핑복이나 등산복류의 아웃도어웨어를 도심에서 차려입는 거다. 파타고니아나 아크로님, 아크테릭스, 앤드 원더 등 고가의 테크니컬 아웃도어 브랜드들이 인기가 많다. 구찌나 프라다 같은 고급 패션 브랜드에서도 여러 아웃도어 룩을 출시하는 등 이런 옷이 주요 패션 트렌드의 하나로 자리를 잡고 있다.

이른바 '어글리 프리티' 패션이 인기를 끌게 된 이유는 패션을 소비하는 방식의 변화와도 관련이 깊다. 주변 사람들에게 특별함을 전시하고 동료 집단에서 소외되지 않으려는 것이 이전의 방식이라면 이제는 SNS가 패션을 소비하는 주요 장소가 되었다. 여기서는 우아함을 만들어내는 섬세함 같은 건 눈에 잘 보이지 않는다. 그러므로 수많은 시각적 자극 속에서 패션도 함께 극단적이 되어간다. 강렬한 패션으로 자신의 감각을 전시하고 '좋아요'를 받고 소통을 한다. 패셔너블한 사람으로 인정받기도 하고, 인플루언서가 되어 협찬도 받고 초대도 받으며 패션 세계 속에서 레벨 업을 하기도 한다. 돈을 벌 수 있고 직업이 될 수도 있다는 점 또한 패션에 투자하는 이유가 된다.

발렌시아가는 여기에 디스토피아의 세계에서 꺼낸 하이힐 크록스, 포테이토칩 포장지가 그려진 클러치백,

팔이 들어가는 가죽 가방 같은 도구를 공급했다. 이런 걸 본 사람들은 SNS, 인터넷 게시판 등을 통해 "대체 이게 뭐지?", "왜 이렇게 비싸지?" 같은 반응을 보이며 재미있어한다. 그리고 그 제품을 착용하고 사진을 올리는 것으로 유머의 흐름에 동참할 수 있다. 이런 유머가 유행이자 패션이 된다.

특히 이런 패션의 강한 자기 주장은 '나는 이 옷이 마음에 들고 즐겁게 입고 있으니 이러쿵저러쿵 떠들지 마라'는 신호를 주변에 보낸다. 평범하게 자기 고집대로 입는 정도라면 참견하는 사람이 등장해 옷 좀 잘 입고 다니라는 둥 귀찮게 할 수 있다. 하지만 이 정도 수준에 도달하면 그런 말을 꺼내기 어렵다. 그런 점에서 상당히 유용한 적극적인 의사 표시다.

물론 이 옷이 전달하는 패셔너블함이 모두에게 통하는 건 아니다. 재치 있고 웃긴다고 생각하거나 유행에 민감해 이미 알고 있는 사람들 사이에서만 이해가 가능하다. DHL을 글로벌 물류회사로만 알고 있던 사람은 베트멍에서 남의 회사 로고를 가져다 비싼 티셔츠를 만들었고 그게 잘 팔린다는 걸 전혀 모를 가능성이 높다. 하지만 반대로 생각하면 이걸 알아보고 재미있어하고 최신의 유행으로 받아들이는 사람들끼리 서로를 찾아내는 신호가 될 수도 있다. 그런 것만 가지고도 할 이야기가 생기기도 한다. 메타버스에서 통용되어도 충분할 것 같지만 역시 사진으로 공유하는 현실의 제품일 경우에 파괴력이 훨씬 크다.
이런 제품은 요즘 아주 많다. 발렌시아가는 2022년 어디 시궁창 같은 데서 썩어가고 있던 걸 건져낸 듯한 더러운 스니커즈 광고 캠페인으로 화제가 되었다. 비슷하게 재현한 제품을 내놓기도 했다. 반을 잘랐다가 다시 붙인 청바지도 있다. 다른 브랜드도 마찬가지다. 오프-화이트는 대형 마트에 가면 볼 수 있는 3장 세트 언더웨어 티셔츠를 비싸게 내놓은 적이 있다. 순식간에 팔려나갔다. 또 서류 묶는 집게를 버튼으로 사용하고 공사장 안전벨트 같은 스트랩을 단 악어가죽 가방도 있다. 로에베가 선보인 컴퓨터 모니터를 뚫고 나온 듯한 픽셀 티셔츠나 헤론 프레스톤이 꾸준히 내놓고 있는 패킹 테이프, 유난히 많아진 럭셔리 브랜드의 고양이 프린트 제품 등이 모두 SNS를 타고 소소한 웃음거리로 사용된다.

고급 브랜드들이 이렇듯 쓸모없어 보이는 제품을 내놓는 건 사실 갑자기 생긴 일은 아니다. 홀리데이 기프트 같은 이름으로 프라다에서는 가죽 케이스가 딸린 삼각자가 나온 적이 있고, 티파니의 실버 요요는 오랫동안 꽤 인기를 끌었다. 구찌에서는 벽난로용 삽과 보조 도구 키트가 나온 적 있으며, 에르메스는 가죽으로 만든 메모지 케이스 같은 자질구레한 액세서리를 꾸준하게 내놓고 있다. 하지만 이것들은 말하자면 회사 고위층의 책상 한쪽에 놓인 유머 같은 것이었다.

지금은 방향이 다르다. 지금 나오는 제품들은 나이키의 더 텐 시리즈 스니커즈를 신고 폴로가 복각한 CP-93 후디를 입은 사람들과 함께 거리를 떠돌아다니거나, 특정 브랜드 제품을 차곡차곡 수집하는 컬렉터들과 함께한다. 얼마나 빠른 속도로 트렌디한 하이 패션 브랜드의 옷이나 스니커즈, 백팩을 구해 인스타그램에 올릴 수 있느냐가 바로 패션 피플의 패셔너블함이자 능력치다. 멋지고 부럽다는 표현은 대체 어떻게 구했느냐는 댓글로 달린다. 사람들이 '좋아요'를 누르고 있을 때 중고 시장에 팔아 치우고 다음 단계로 나가는 전략은 패션과 유행이 속도전이 된 세계에서 현명한 선택일 수 있다.

페이스북과 인스타그램, 유튜브가 일상화되면서 들어본 적도 없는 누군가가 세상 어느 구석에서 하는 일이 전 세계의 반응을 받을 수 있게 되었다. 한번 제대로 웃기면 인터넷 밈이 되고 유명 인사가 된다. 농담은 점점 규모가 커지면서 위험해지기도 한다. 시선을 끌기 위해 무리한 시도를 하고 자극적인 내용을 추구하다 보니 심지어 목숨이 위태로울 지경이다. 홀린 듯 고층 건물 꼭대기 난간에 오르거나 벼랑 끝, 활화산 같은 곳에 접근하기도 한다. 지금의 하이 패션 역시 비슷한 접근을 하고 있다. 다만 아무리 괴상해봤자 옷 입는 것 정도로 목숨이 위태해지지는 않는다는 점에서 패션으로 하는 장난은 훨씬 안전하다는 장점이 있다.
그렇다고 이를 향한 시선이 마냥 호의적이지는 않다. 면 티셔츠와 사무용 집게를 비싸게 파는 건 고급 소비재를 구입하는 상황을 풍자하면서 자기들은 그 바깥에서 있는 듯 농담을 던지는 격이다. 마치 소비자를 놀리면서 그들로부터 이익을 취하는 것과 같다. 구찌의 복제와 마찬가지로 이 경우도 고급 패션 문화의 기반을 건드리는 위태로움을 품고 있다. 패션은 더욱 셀럽과 소셜미디어에 몰두하는 이벤트가 되고 착용이 아니라 관람의 즐거움이 주가 되어간다.

ㄴ 패션은 자신을 향한다

발렌시아가의 2018 SS 남성복 컬렉션은 패션에 관심을 가질 틈도 딱히 없어 보이는 무취향의 회사 중역 남성이 일과가 끝난 후 보내는 여가 시간의 모습을 패션으로 풀어냈다. 긴장도, 옷의 압박도 풀어진 순간이다. 혼자인 경우도 있고, 전통적인 가족의 모습도 있고, 전통적이지 않은 형태의 가족도 있다.

하이 패션은 이상을 향한다. 그 이상은 보통 이뤄질 수가 없다. 도달이 불가능하기 때문에 욕망을 끝없이 자극할 수 있다. 혹시나 누군가 그런 꼭대기 지점에 도달한다고 해도 그때 패션은 이미 다른 곳에 가 있다. 한때 세련되었던 것들은 어느새 촌티 나는 구식이 되어버린다. 이걸 계속 좇는 게 트렌디한 패션이라 할 수 있는데 결국 맨 앞에 서기 위해서는 그런 걸 만드는 사람이 되는 수밖에 없다. 패셔니스타가 브랜드를 론칭하는 경우가 늘어나는 이유 중 하나라 하겠다.

옷으로 이뤄질 거 같은 모습을 연출하고 그 기분을 느끼도록 하는 게 패션의 역할 중 하나다. 이러한 이상은 때론 엄격한 모습을, 때론 흐트러진 모습을 한다. 내용이 무엇인지는 사실 크게 상관없다. 관건은 패션 브랜드가 그런 세상을 얼마나 매력적으로, 얼마나 완벽하고 정교하게 구축하느냐다. 이미지의 힘은 강력하고 사람들은 현혹된다. 어떤 이미지는 한 시대 전체를 움켜쥐기도 한다.

발렌시아가의 2018년 패션쇼는 지금까지 패션이 유혹하던 것과는 약간 다른 모습을 취한다. 회사에서는 고급 비즈니스슈트 같은 걸 정석대로 갖춰 입더라도 일이 끝나고 나면 사정이 달라진다. 몸에 딱 맞는 정확한 옷이 만들어내는 압박감에서 쾌감을 느끼는 사람도 있기는 하지만 대개는 구색을 맞추기 위한 불편하고 답답한 옷 따위 어서 벗어 던지고 싶어 한다. 휴식이 필요하고, 가족과 시간도 보내야 한다.

이 컬렉션에서 볼 수 있는 남성복은 우리가 익히 알고 있던 고급 남성복 패션의 딱 맞게 떨어지는 핏, 정확한 길이, 남성성의 강조, 고급스러운 소재, 완벽하게 갖춰진 세트 같은 것들이 전혀 없다. 셔츠는 주름이 잔뜩 져 있고, 블레이저는 지나치게 크고, 청바지는 어딘가에 잘못 보관한 것처럼 애매하게 색이 빠져 있다. 사이즈가 맞아 보이는 건 하나도 없다.

패션에 대해 별로 아는 게 없는 사람이라고 해도 분명

머릿속에 들어 있던 패션의 모습과는 꽤나 다르다고 느낄 것이다. 이 컬렉션은 발렌시아가 혼자만의 도발이 아니고 유행을 만들어내겠다고 엉뚱한 시도를 하는 것도 아니다. 이렇게 패션의 규칙이 무의미해지고 달라지고 있다는 것을, 즉 지금의 상황을 보여준다.

패션을 개성의 발현이라고 말한다. 사람은 모두 다르고 그러므로 옷 취향도 모두 다르다. 그렇지만 이 말에는 몇 가지 문제점이 있다. 우선 패션은 개성이라고 해도 유행이 존재한다. 유행은 똑같거나 비슷한 옷을 입는 거다. 그러므로 패셔너블함의 개별성과 유행의 집단성은 공존하기가 어려울 것 같은데 실제로 공존하고 있다. 그렇기 때문에 시간의 문제가 된다. 남들보다 빨리 알아채고 용감하게 입으면 되는 거다.
하지만 옷으로 개성을 표현하는 일은 아무나 할 수 있는 게 아니다. 상상력이라는 건 가지고 있는 지식과 경험에 기반할 수밖에 없다. 옷에 대해 얼마나 알고 있는가가 상상력의 크기를 좌우한다. 옷과 패션에 관해 뭔가 그럴듯한 걸 생각해낸다고 해도 이미 어딘가 있거나 누군가 해봤을 가능성이 높다. 옷으로 개성을 발현하면서 새로운 시도를 보여줄 수 있는 정도라면 당장 패션 브랜드를 론칭하는 게 낫다.
그런데 여기에는 더 복잡한 부분이 있다. 개성이라는 건 이미 사회적이다. 자기만의 세계라는 게 실제로 존재하는지 사실 의심스럽다. 얼마 전까지만 해도 바지가 슬림하게 몸에 달라붙는 게 자기한테 잘 어울리는 멋진 모습이었는데 지금은 어느 정도 와이드한 핏이 잘 어울리는 것처럼 보인다. 이 와중에 2023년에는 스키니핏이 돌아올 것인가 하는 뉴스가 나오고 있다. 이런 예는 수도 없이 많다. 마음에 들고 자신의 취향이라고 생각했던 게 계속 변한다.

그러므로 보통의 사람들이 할 수 있는 일은 어떤 패션 생활을 할 것인가, 패션으로 뭘 하고 싶은가 같은 각자의 목표에 맞춰 시중의 옷을 적당한 수준으로 검토하고 선택해서 조합하는 정도다. 유행에 얼마나 민감하게 반응할 것인가도 각자 취향의 영역이다. 물론 뭔가가 유행한다는 건 단기간에 많은 제품이 나온다는 뜻이고 그러므로 선택의 폭이 넓어지는 장점이 있다. 예를 들어 치노 바지가 유행이라면 전통적 형태부터 현대적 변형까지 다양한 제품이 시중에 나와서 구하기도 쉽고 가격도 저렴해진다. 그럴 때 테스트해보면서 오래 함께 갈 만한 옷을 마련해놓는 것도 괜찮은 전략이 될 수 있다.

SNS 시대에 접어들면서 유행의 영향력이 더 커진 듯 느껴진다. 유행이 워낙 눈에 잘 띄게 된 탓에 더 그렇게 보이는 경향도 있다. 펑크, 로큰롤, 힙합 등 시대를 따라 유행하던 패션은 원래 특정 시기와 장소를 깊게 반영했고 배타적인 속성도 있었다. 이제는 모두 한자리에 존재하고 한꺼번에 유행한다. 클래식은 변하지 않아서 클래식이라지만 포멀웨어, 비즈니스웨어의 영역 자체가 해체되고 있다. 이런 상황에서는 결국 마음 가는 대로 아무거나 골라 섞어도 누가 뭐라 할 일 없고, 시대도 그런 방향으로 가고 있다.

예전부터 기능성 위주의 옷이 포멀웨어나 비즈니스웨어 같은 점잖은 자리로 들어가는 일이 드물지는 않았다. 버버리의 개버딘 옷은 방수가 무엇보다 중요한 아웃도어웨어로 사용되었고 탐험가 로알 아문센이 1910년대 초반 남극점을 향해 갈 때도 입었다. 트렌치코트는 원래 군복이었고 피코트, 맥코트 등 많은 옷이 군대나 작업 현장, 야외 활동 같은 데 필요했던 기능적인 의류가 출발점이었다. 현재 가장 격식 있는 예복이라 할 연미복도 19세기 귀족들이 여우 사냥을 할 때 입던 헌팅웨어에서 나왔다고 한다.↓

이런 관점으로 본다면 사회 안에서 점잖은 것으로 통용되는 옷차림, 말하자면 다음 시기의 포멀웨어 또는 비즈니스웨어에 해당하는 착장 방식을 일상복 속에서 찾아내려고 하는 지금의 현상을 이해할 수 있다. 전반적으로 착장 방식과 핏이 몸의 선을 드러내지 않는 정

→ 근대 남성복이 운동복이나 군복 등 기능성 의류에서 일상복으로 변하고, 그 후 격식을 갖추면서 경직된 복장이 되어간다는 이야기에 대해서는 G. 브루스 보이어, 『트루 스타일』, 김영훈 옮김(벤치워머, 2018), 329~345쪽 웨더 기어 챕터를 참조.

도로 느슨해지고 있기 때문에 이 방향으로 흘러가 등장하게 될 예복이나 비즈니스웨어는 꽤 다른 모습일지 모른다.
일례로 더위에 대비해 얇은 합성섬유로 만든 슈트 셋업을 눈여겨볼 만하다. 패스트패션 브랜드부터 고기능 아웃도어 브랜드까지 다양한 곳에서 나오고 있는데, 아직은 예의 있는 옷차림으로 여겨지지 않지만 앞으로 환경 문제로 울 사용이 더 엄격하게 제한된다면 이런 소재의 슈트가 늘어날 수밖에 없고 점차 점잖은 옷차림의 하나로 익숙해질 것이다. 20세기 초반 열대 우림 기후인 버뮤다에서 등장한 버뮤다 팬츠는 반바지이지만 통상 비즈니스웨어나 공적인 행사용 의복으로 입는다. 이제는 버뮤다뿐 아니라 여타 유럽 문화권에서도 버뮤다 팬츠를 점잖은 착장으로 어색하지 않게 인정하는 분위기다. 생각의 전환과 적응에 시간이 필요할 뿐이지 사회 상황에 맞춰 의복의 모습과 착장의 방식, 역할은 끊임없이 변화한다.

지금 변화의 가장 큰 요인도 세대 교체라 할 수 있다. 베이비부머세대의 패션은 고급 옷이 통용되는 세상과 일상복이 통용되는 세상의 경계를 만드는 게 목표였다. 그런 구분은 귀족 시대에서 넘어온 유산, 과거에서 넘어온 남녀 성역할, 세계대전을 거치며 만들어진 현대 의복의 형태 등에서 나왔다. 턱시도나 드레스, 아방가르드 패션 등등 일상의 옷과는 꽤나 다르게 생긴 고급 옷을 바라보며 사람들은 성공을 꿈꾸고, 성공을 하면 고급 옷의 세계에 진입한다.

하지만 밀레니엄과 Z세대 등 새로운 세대는 전혀 다른 걸 보며 자랐다. 잘나간다는 힙합 뮤지션과 팝 스타, 아이돌 스타와 스포츠 스타, 뭐 하는 사람인지 잘은 모르겠지만 아무튼 유명한 사람, 그리고 최근의 인스타그램 스타와 유명 유튜버, 심지어 애플이나 페이스북 같은 거대한 회사의 대표도 일상복과 그다지 다를 게 없는 옷을 입고 있다. 동경하는 롤 모델이 입는 옷이 이전과 다르고 그러므로 그들이 돈을 손에 쥐게 되었을 때 구입하는 옷도 다르다. 한 사람의 생각이 바뀐 게 아니라 아예 다른 생각을 가진 사람들이 패션의 주 소비층으로 진입했으니 변화는 피할 수 없고 되돌아갈 방법도 없다.

이런 변화의 기반에는 자기중심주의가 자리 잡고 있다. 남이 나의 삶을 함부로 판단할 수 없고, 나 역시 타인의 삶을 함부로 판단할 수 없다. 패션에 대한 타인의 평가를 거부한다는 건 나 역시 타인의 옷에 대해 왈가왈부하지 않겠다는 의미다. 물론 패션이 사회에 기반을 두고 있는 한 타인의 시선을 완전히 무시하는 패션의 도래는 불가능에 가깝다. 자신의 선택을 혹시나 누군가 알아본다면 삶에 약간 더 즐거운 부분이 늘어나기도 하니까.

베트멍에서 발렌시아가로 이어지는 패션의 세계는 우리의 익숙한 시각을 파괴한다. 이 파괴는 사실 앞으로 이익을 가져다줄 새로운 패션을 재조립하는 과정이다. 그럼에도 어떤 패션 평론가는 뎀나 바잘리아의 패션에는 애초에 실험이 없다고 말하기도 한다. 물론 커다란 레인코트나 감자칩 봉지 가방은 소재가 활용되는 영역의 재배치 혹은 웃음을 만드는 일이지 패션 실험은 아니다.

하지만 이런 시각도 경계의 양쪽 진영을 보여준다. 이전의 시각으로 보자면 패션에서 실험이란 옷의 한계를 넘나드는 새로운 시도를 뜻할 거다. 하지만 태도의 변화가 필요한 상황에서 그 한계는 이미 의미가 별로 없다. 태도가 옷을 고르게 만들고 그 옷이 다시 태도를 형성한다. 이 반복 속에서 사람들은 새로운 기준에 익숙해지고 과거의 굴레와 결별할 수 있게 된다.

세상을 지배하게 된 스트리트 패션,

버질 아블로

ㄴ 루이 비통을 맡게 된 미국의 흑인

스트리트 패션의 미감이 하이 패션 전반을 장악하면서 알레산드로 미켈레나 뎀나 바잘리아 등 어렸을 적부터 그 미감의 영향을 강력하게 받고 자란 디자이너들이 세계적인 브랜드의 리뉴얼을 맡기 시작하고 있다. 구찌와 발렌시아가를 보유한 케링이 먼저 변화를 주도하고 트렌드를 끌어갔다.

또 다른 대형 패션 기업인 LVMH는 조금 늦게 리뉴얼을 시작했는데 케링과 약간 방향이 다르다. 브랜드를 믿고 맡길 디렉터를 스트리트 패션의 본토인 미국에서 데려오는데, 바로 버질 아블로다. 버질 아블로는 2018년 루이 비통의 남성복 아티스틱 디렉터로 영입되었고, 여성복 쪽은 2013년부터 크리에이티브 디렉터를 맡아온 니콜라 제스키에르가 계속 담당하고 있다. 참고로 제스키에르도 독학으로 패션을 배운 후 여러 브랜드를 오고 가며 실력을 쌓아 발렌시아가를 거쳐 루이 비통으로 갔다.
LVMH의 브랜드들을 살펴보면 럭셔리 패션의 전통적 방향을 안고 현대적 업그레이드를 하고자 디렉터를 새로운 인물로 교체해왔다. 디올의 마리아 그라치아 키우리, 셀린느의 에디 슬리먼, 로에베의 조나단 앤더슨이 그 예다. 그리고 스트리트 패션 쪽에서 데려온 인물로는 루이 비통 남성복의 버질 아블로를 비롯해 지방시의 매튜 윌리엄스, 겐조의 니고 등이 있다. 이처럼 LVMH는 전통적 방향과 스트리트 패션 등 새로운 방향 양쪽을 고려하는 식으로 각 브랜드의 디렉터를 교체하며 이전의 소비자들도 놓치지 않으면서 미래를 만들어가는, 조금 더 점진적인 방향 전환을 하고 있다.

버질 아블로는 1980년 미국 일리노이주의 록퍼드에서 태어나 자랐다. 대학에서는 토목공학을, 대학원에서는 건축을 전공했다. 졸업 후 카니예 웨스트와 함께 이탈리아 로마의 펜디에서 인턴을 했고 이후 시카고로 돌아와 돈 C와 함께 RSVP 갤러리라는 매장을 연다. 또한 카니예 웨스트와 제이지의 협업 앨범 《워치 더 스론》의 아티스틱 디렉터로 일했다. 이 앨범에는 리카르도 티시도 참여해 아트워크와 크리에이티브 디렉팅을 담당했다.

이 작업 후 버질 아블로는 본격적으로 패션계에 뛰어

들었다. 2012년 뉴욕에서 파이렉스 비전을 론칭했는데 이 브랜드는 챔피온의 티셔츠, 폴로의 체크 셔츠를 사다가 'PYREX', '23' 같은 문자를 커다랗게 프린트해 판매했다. 23은 마이클 조던의 등 번호다. 이 옷들이 큰 화제가 되면서 버질 아블로의 이름도 알려지게 된다.

아블로는 파이렉스 비전을 일회성 프로젝트로 끝내고 다음 단계로, 본격적인 패션 브랜드 오프-화이트를 론칭했다. 오프-화이트는 스트리트 패션과 화살표 로고, 상표 태그가 붙은 케이블 타이 등 눈에 잘 띄는 요소들로 인기를 끌었다. 컬렉션에는 플래드 재킷, 싱글 코트, 펜슬스커트가 청바지, 후디, 트랙팬츠와 함께 스타일링되는가 하면 실크나 울 같은 고급 소재와 데님이나 플리스 같은 캐주얼한 소재가 한데 섞인 옷도 등장했다. 어떤 경우엔 한 몸으로 붙어 있기도 했다. 찢겨진 데님을 이어 붙여 고풍스러운 스커트를 만들기도 하고, 평범한 코트의 뒷면은 반을 잘라놔서 안에 입은 바람막이가 드러나 보인다.

기존의 럭셔리 패션과 스트리트 패션을 별 장치 없이 직접 연결시켜 복잡하게 재배치하고 믹스한 패션이지만 겉보기엔 비교적 심플하게 정리된 느낌이 든다. 컬러의 조합을 섬세하게 배치하고 핏과 실루엣을 조절해 갖가지 요소들이 난잡하게 흩어지지 않는다. 오프-화이트 특유의 오버사이즈 룩은 몸통은 크고 기장은 짧은 미국 옛날 옷의 특징에서 나왔다. 요컨대 하이 패션의 복잡한 구조를 지니고 있으면서도 스트리트웨어의 실루엣과 심플함이 살아 있는 룩을 만들어냈다.
버질 아블로 역시 스트리트 패션을 기반으로 예전과는 꽤 다른 모습의 하이 패션을 선보이는 데 성공한 것이다. 그리고 이런 작업을 통해 오프-화이트는 매출과 인지도가 상승했을 뿐만 아니라 LVMH 프라이즈 후보에 오르는 등 패션으로서의 완성도도 인정받았다.
또 버질 아블로는 여러 브랜드와 협업을 진행했는데 이케아부터 리모와까지 그 폭이 상당히 넓다. 그중 '더 텐'은 나이키의 상징적인 스니커즈 10종을 버질 아블로가 다시 만들어낸 대규모 프로젝트다. 이 컬렉션은 스우시를 뜯어 다른 위치에 붙이는 등의 리폼이 들어간 '리빌링'(Revealing)과 반투명 소재로 만든 '고스팅'(Ghosting)으로 나뉜다. 각 신발에는 빨간 케이블 타이가 달려 있고 "AIR", "SHOELACES" 같은 글자가 적혀 있다.
기존 구조를 분해해 재구성하거나 새로운 소재를 씌우고 그 위에 프린트를 그려 넣는 것 등은 오프-화이트가 옷을 만들 때 사용하는 방법과 다르지 않다. 이를 그대로 적용해서 만든 협업 결과물 역시 몸체, 끈, 밑창 등의 섬세한 컬러 조합 아래 잘 정돈되어 있다. 레퍼런스를 바탕으로 디자인을 재구성한 다음 일관성 있게 정돈하는 버질 아블로 패션 특유의 방식이 여기에서도 고스란히 드러난다.
아블로는 패션에 상징적인 컬러나 문구를 사용하고 의미 부여하기를 즐기는데 이는 스트리트 패션의 전형적인 방식이기도 하다. 예를 들어 나이키 스니커즈를 보면—조던, 에어 맥스, 포스 등—기본 틀은 똑같이 생겼지만 색 조합과 로고, 문구 따위를 더하거나 변경해 다름을 만들어낸다. 그 컬러와 무늬, 기타 요소는 프로 농구 팀 상징색부터 경기장 바닥 색, 협업에 참여한 아티스트의 시그니처, 도시의 상징색이나 상징 동물, 힙합 뮤지션의 로고까지 엄청나게 다양한 대상을 참조한다.
이를 통해 존경과 애정을 표현하기도 하지만 유머나 윤리적 메시지를 담아내기도 한다. 밑창에 경기장 바닥의 껌을 연상시키는 요소를 넣는다거나 잔디 같은 표면으로 지속가능성을 상징하는 등이 그 예인데, 이런 걸 '색깔 놀이'라고도 한다. 지나치게 상업적인 면을 조소하는 의미가 담긴 말이지만 사실 이것이 스니커즈 문화의 본질이기도 하다.
버질 아블로는 참조 대상을 프로스포츠나 힙합 음악처럼 스트리트 패션과 연관된 영역을 넘어 건축과 예술, 흑인 문화 등으로 끝없이 넓혔다. 그는 자신이 관계를 맺고 있거나 존경하고, 좋아하고, 특별한 인상과 기억을 가지고 있는 온갖 것을 샘플링하듯 가져다가 크고 작은 상징을 통해 전시했다. 따라서 그의 거의 모든 활동에 분명한 레퍼런스가 담겼다. 이런 식으로 의미를 담고 전달하려는 시도가 버질 아블로 루이 비통 패션의 중요한 일면이다.
아블로는 사람들의 예상보다 판을 훨씬 크게 보고 목표도 높은 곳에 뒀다. 유럽의 디자이너 하우스를 맡고 싶다는 야심도 숨기지 않았다. 그리고 곧 루이 비통의 남성복 아티스틱 디렉터로 부임한다. 이 일은 몇 가지 상징성을 띤다. 아블로는 미국인이고, 흑인 남성이고, 건축학과 출신으로 패션을 전공하지 않았다.
즉 지금까지 하이 패션을 이끌어오던 사람들과는 상당히 다른 위치에 있는 인물이다. 우선 흑인이다. 흑인이 루이 비통 남성복을 맡게 된 건 같은 LVMH 계열 브랜드인 디올을 마리아 그라치아 키우리가 맡은 것과 비교해볼 수 있는데, 디올 역시 오랜 역사에도 불구하고 여성 디자이너가 이끈 적이 없었다. LVMH는 오래되고 고착된 이미지를 가진 대표적인 브랜드의 새로운 디렉터를 인종과 성별을 고려해 찾아내고 이렇게 확보한 다양성을 통해 각 브랜드에 이전과는 다른 메시지를 집어넣어 새로운 방향을 내놓는 식으로 리뉴얼을 하고 있다. 다시 말해 루이 비통 남성복 속 흑인 문화, 디올 속 페미니즘은 디렉터의 교체로 생겨난 새로운 방향성이다.
그리고 아블로는 미국 출신이다. 물론 이전에도 톰 포드나 마크 제이콥스, 제레미 스캇 같은 미국 출신 디자이너가 유럽 브랜드를 맡아 성공한 사례들이 있었다. 하지만 아블로는 전통적인 패션의 영역 안에 있던 사람이 아니라는 차이가 있다. 브랜드가 기존의 틀을 벗어나고자 검증된 패션 감각과 비즈니스 감각을 지녔지만 전혀 다른 영역에 있던 사람을 데려온 것이다. 이 역시 정체되고 있는 내부에 큰 변화를 만드는 대표적인 방식이다.

ㄴ 다양성은 사람을 바꾸는 데서 온다

패션은 처음에는 옷을 만드는 사람이 중심이었다. 고급 소재로 만드는 슈트나 드레스 같은 옷은 특히나 손이 많이 가는 복잡한 제품이고 전통적으로 장인의 솜씨를 기반으로 하기 때문이다. 테일러드 숍이나 아틀리에에서 일할 직원들을 뽑았고, 브랜드의 수장은 은퇴하면서 후임자를 선택했다.

패션이 발전하면서 학교도 세워지고 도제 방식은 점차 쇠퇴했지만, 어쨌든 고급 패션 브랜드라면 좋은 소재를 가지고 최고의 실력을 가진 이들이 제품을 만든다는 기본적인 틀은 변하지 않았기 때문에 디자이너를 중심으로 거대한 공방처럼 운영되는 면은 유지되었다. 매출과 수익을 따지면 사업 규모와 그런 운영 방식 사이에 괴리가 있지만 전문 경영진이 브랜드를 이끌면서 현대화를 책임졌고, 케링이나 LVMH 같은 기업의 인수를 거쳐 사업적 전문성은 더욱 강화되었다.

그럼에도 여전히 디자이너가 브랜드를 주도하는 경우가 많은데 이런 방식은 세계의 흐름에 민감하게 반응하고 대응하며 앞장서 나가야 하는 분야에서 한계로 작용할 수 있다. 옷과 패션에 대한 정확한 이해가 기술적 완성도를 높이거나 패션 자체의 지적·예술적 깊이를 만들 수 있겠지만 한편으로는 기존의 틀을 벗어나기가 어려울 가능성도 있는 것이다. 더구나 스트리트 패션처럼 이전과는 다른 체계를 가진 패션이 그 기반 문화와 함께 패션의 중심으로 진입해 들어오면 한계는 더욱 눈에 띄게 된다. 나이 든 디자이너의 생각이 변화하길 기대하느니 아예 다른 세계관을 지닌 젊은 디자이너를 기용하는 게 훨씬 나은 선택이 된다.

이제는 인력의 다양화와 기술 발전, 산업의 현대화·체계화 덕분에—1980년대에 대퍼 댄이 그랬듯이—패션 디자이너가 아닌 사람이 브랜드를 이끄는 경우가 늘어나고 있다. LVMH가 팝 가수 리한나와 브랜드 론칭을 계획한다거나 카니예 웨스트가 패션 컬렉션을 내놓고 협업을 하는 것도 이런 바탕 위에서 가능하다. 이렇게 해서 패션 바깥의 문화를 패션 안에 들여놓을 수 있고 결과적으로 패션을 더 다양하게 만들 수 있다.
브랜드를 누가 어떻게 끌어가는 게 좋을지를 두고 여러 가지 실험도 행해진다. 2017년 스페인 브랜드 데시괄은 사진작가이자 아티스트인 장 폴 구드를 아티스틱 디렉터로 기용하는 시도를 했다. 또 헬무트 랭은 잡지처럼 편집장 시스템을 실험했다. 이 실험은 2017년 『데이즈드』의 이자벨라 벌리, 그리고 이어서 『V』 매거진의 앨릭스 브라운이 브랜드의 '에디터 인 레지던스'를 맡아 한두 시즌씩 함께할 협업 디자이너를 선정하고 컬렉션을 만드는 방식으로 진행됐다.

이런 관점에서 루이 비통의 버질 아블로 영입과 2016년 캘빈클라인의 라프 시몬스 영입을 비교해볼 수 있다. 벨기에 출신인 라프 시몬스도 패션 전공자는 아니고 산업 디자인과 가구 디자인을 전공했다. 졸업 후 갤러리 같은 곳에 납품하는 가구를 디자인하다가 패션 디자이너 월터 반 베이렌동크의 스튜디오에서 인턴으로 일하게 된다.
인턴을 하던 중에 파리 패션위크에 갔는데 거기서 처음으로 본 패션쇼가 마르지엘라의 1991년 컬렉션이었던 화이트 쇼라는 이야기가 있다. 이후 패션 일을 하기로 결심하고 1995년 자신의 브랜드 라프 시몬스를 론칭했다. 그리고 후에 디올을 이끌다가 2016년 캘빈클라인에 들어갔다.
가장 미국적인 브랜드라 할 캘빈클라인을 라프 시몬스가, 가장 프랑스적인 브랜드라 할 루이 비통을 버질 아블로가 이끄는 재미있는 구도가 등장했다. 특히나 이 두 브랜드는 기반을 두는 국가의 이미지가 기존 정체성의 상당 부분을 차지한다. 결국 이들이 자신의 문화에 대해 다른 시각을 가지고 있을 게 분명한 사람을 데려온 건 그 정도로 큰 변화가 필요했기 때문이다.
하지만 캘빈클라인의 라프 시몬스 영입 실험은 실패하고 2018년 종료한다. 기존의 캘빈클라인과 상당히 다른, 섬세하면서도 유럽 패션 디자이너의 관점에 의해 살짝 왜곡된 미국 문화와 패션이 이상한 분위기를 만들어냈기에 꽤 흥미진진했지만 매출이 그리 잘 나오지 않았고 비용이 너무 많이 든다는 이유로 계약이 끝났다. 이후 시몬스는 2020년부터 미우치아 프라다와 함께 프라다의 크리에이티브 디렉터를 맡게 되었다. 프라다도 공동 디렉터 체제를 발표하면서 패션 브랜드에서 정의되는 크리에이티브 디렉터의 단일성에 대한 도전이라고 밝혔다.↓ 다들 새로운 방법을 찾아가고 있는 거다.

브랜드가 본래 가지고 있는 모습은 물론 중요하다. 발렌시아가나 루이 비통 등은 컬렉션의 모습이 크게 변한듯 해도 여전히 자신들이 쌓아온 아카이브에 많은 부분을 기대고 있다. 이를 재해석하는 게 새로 임명되는 디렉터의 임무다. 다만 그걸 다루는 방식이 달라지고 있는 것이다. 즉 패션 말고 음악이나 예술 혹은 서핑, 스케이트보딩, 클라이밍 같은 전혀 다른 분야에서

→ 프라다의 발표문 참조. https://www.prada.com/kr/ko/pradasphere/special-projects/2020/miuccia-prada-raf-simons.html

사람들을 데려와 자신들의 문화를 바탕에 두고 기존 패션계 사람들과 완전히 다른 방식으로 옷에 접근하게 한다. 그리고 이렇게 만들어진 새로운 패션이 신선함을 불어넣고 있다.
패션쇼의 모습 또한 변화했다. 버질 아블로의 루이 비통 패션쇼에는 흑인 모델이 이례적으로 많이 등장하고 그 밖에도 여러 국적과 인종의 모델들이 등장했다. 참여한 모델의 출신지를 지도에 기록한 쇼 노트를 배포하는 등의 방식으로 브랜드가 이 이슈에 대해 큰 관심과 전향적인 태도를 가지고 있다는 걸 적극적으로 보여주기도 했다.
최근 모델 쪽에서는 인종 다양성 문제가 자주 언급되고, 패션쇼가 끝나면 비정부기구들에서 인종과 국적 등을 표시한 통계자료를 내놓기도 한다. 하지만 그렇게 계속 주의와 경고를 줘도 잘 시정되지 않던 일이 브랜드 상층부가 교체되자 금세 현실이 된다. 이는 문제의 근본적인 원인과 해결 방법이 어디에 있는지 분명하게 보여준다.

그런데 이런 접근이 장점만 있는 건 아니다. 패션을 공부한 사람들이 지나치게 패션 중심으로 생각하는 단점을 가지고 있듯 패션 바깥에서 온 사람들은 아무래도 자신이 입고 봐온 것을 기반으로 옷을 만들기 때문에 패션 안에서 활용할 수 있는 범위에 한계가 뚜렷한 경우가 많다. 시즌이 몇 번 지나면서 그저 동어반복이 아닌가 싶은 브랜드가 늘고 있어 의구심이 짙어진다.

그리고 스트리트 패션을 고급 패션화하기 위한 방편으로 나오는 실험적 의상이 지나치게 많다. 게다가 많은 실험이 기존 테일러드 패션과 스트리트 패션을 잘라 붙이는 정도에서 그친다는 건 아쉬운 부분이다. 이에 따라 패션이 문화적으로는 풍부한 이미지를 가지게 되었을지 몰라도 옷 자체로 보여주는 콘텐츠는 예전에 비해 빈약해졌다. 패션의 안과 바깥의 아이디어 사이에서 균형을 찾아내는 게 앞으로의 과제가 아닐까.

이 부분의 극복 방안을 다양한 분야와의 협업, 특히 예술과의 협업에서 모색하는 경향이 높아졌는데 어쩌면 패션이라는 문화 영역의 수준을 높이겠다는 발상일 수도 있다. 패션과 예술의 만남은 1930년대 엘사 스키아파렐리와 살바도르 달리의 협업, 1960년대 입생로랑의 몬드리안 드레스 등 오래전부터 꾸준히 있어왔다.

과거에는 이벤트성으로 드문드문 이뤄지던 이런 협업이 2007년 프라다와 제임스 진, 2008년 루이 비통과 리처드 프린스, 2013년 알렉산더 맥퀸과 데미안 허스트 등을 거치며 점점 증가하고 있다.

최근만 봐도 루이 비통은 제프 쿤스와의 협업 컬렉션을 내놨고 라프 시몬스의 캘빈클라인은 앤디 워홀의 작품이 프린트된 속옷 시리즈를 선보였다. 2022년에는 루이 비통이 현대미술 작가 6인과 협업한 컬렉션을 공개했는데 그중에는 한국의 박서보 화백도 포함되어 함께 한정판 가방을 출시했다. 또한 일본 예술가 쿠사마 야요이와 10년 만의 재협업을 발표하기도 했다. 유니클로 같은 패스트패션 브랜드도 SPRZ NY라는 이름으로 잭슨 폴록이나 키스 해링 등 유명 아티스트의 작품을 프린트한 티셔츠 시리즈를 내놓고 있다.

왜 이렇게 예술 분야와의 협업과 교류가 증가하고 있는 걸까? 물론 이들은 패션 브랜드니까 잘 팔기 위해서다. 그리고 이미지를 확장하고 깊이 있어 보이기 위해서다. 새로운 세대가 주요 구매층이 되고 있긴 하지만 힙합과 젊은 세대, 스트리트 문화를 뛰어넘어 고급스러운 이미지를 구축하고 포지션을 선점해야 한다.
그런데 가만히 보면 미묘한 차이들이 있다. 루이 비통의 경우 쿠사마 야요이, 제프 쿤스, 슈프림 같은 널리 알려진 아티스트나 브랜드와 함께 그야말로 당연히 주목받을 만한 대형 스케일의 작업을 선보여 꾸준히 화제를 일으키고 있다. 이에 비해 구찌는 코코 카피탄, 이그나시 몬레알 등 젊은 아티스트와의 협업을 주로 선보인다. 이들과의 작업은 티셔츠에 낙서를 하고 도시에 벽화를 그리는 등 다양한 방식을 취했고, 무엇보다 인스타그램을 잘 활용하는 모습이 눈에 띈다.

반대로 예술 쪽에서도 패션을 전시에 활용하고 패션계

와 협업하는 경우가 늘고 있다. 예전에는 패션 관련 전시라고 하면 유명 디자이너들의 과거를 모은 아카이브 전시가 일반적이었다면 최근 들어서는 뉴욕 현대미술관에서 「아이템들: 패션은 현대적인가」(Items: Is Fashion Modern, 2017) 같은 전시도 있었고, 조나단 앤더슨은 「반항하는 몸」(Disobedient Bodies, 2017) 전시를 큐레이팅하기도 했다. 또 버질 아블로는 2019년 시카고 현대미술관에서 「피겨스 오브 스피치」(Figures of speech, 2019)라는 전시를 열었는데 패션 브랜드 운영자답게 팝업스토어를 함께 마련해 한정판 컬렉션을 선보였다. 이외에도 수많은 전시가 열렸고 그 와중에 LVMH가 가고시안 갤러리를 인수한다는 루머가 퍼지고 있기도 하다.

이런 분위기 역시 오랫동안 유지되던 틀이 조금 달라졌지만 그럼에도 럭셔리 패션 특유의 배타성을 확보하기 위한 모색의 과정으로 보인다. 패션은 세상을 흡수하며 다양성을 무기로 위기를 돌파하고 있고 시장과 함께 변화하는 중이다. 중요한 건 예전과는 다른 자세로 시장을 맞이해야 하고, 당연했던 것들이 사라진다고 해도 아무렇지 않게 다음 길을 가야 한다는 점이다. 앞으로 어떤 브랜드가 시대의 벽을 넘지 못할지, 또 어떤 브랜드가 어떤 태도를 취해 살아남을지 주목할 만하다.

버질 아블로는 2018년 루이 비통을 맡게 된 이래 럭셔리 패션의 변화를 주도했지만 안타깝게도 2021년 겨울 심장 혈관육종이라는 희귀 암으로 세상을 떠났다. 이후 오프-화이트는 『데이즈드』의 이브 카마라가 아트 디렉터를 맡아 브랜드를 이끌고 있다. 그리고 루이 비통 남성복은 디렉터가 한동안 공석으로 있었고 버질 아블로에 대한 추모를 중심으로 컬렉션이 운영되었다. 그러는 사이 꽤 많은 이름이 후임 물망에 오르내렸는데 그중 몇 명은 스트리트 패션과는 약간 거리가 있기 때문에 루이 비통도 방향 전환이 있지 않을까 하는 예상이 있었다.

하지만 2023년 퍼렐 윌리엄스가 루이 비통 남성복의 새로운 크리에이티브 디렉터로 일하게 되었다는 공식 발표가 나왔다. 이는 디올에서의 임기를 성공적으로 마치고 루이 비통 CEO로 임명된 피에트로 베카리의 첫 번째 주요 행보이기도 하다. 이렇게 해서 디자인과 경영 양쪽에서 새로운 진용이 꾸려졌다.

현시점에서 봤을 때 퍼렐 윌리엄스는 미국, 흑인 문화, 온건하고 주류적인 — 갱스터나 빈민가 문화와 다른 — 힙합과 R&B, 스트리트 패션, 여타 다양한 창조적 분야와의 교류 및 협력 등 여러 면에 있어서 버질 아블로와 가장 가까운 포지션의 인물일 거다. 즉 루이 비통 남성복은 아블로 때 만들어진 미국, 흑인, 힙합 문화 기반의 패션 미감을 일단 유지해가기로 했다.

물론 비슷한 문화적 배경을 가지고 있다고 해도 둘의 패션 스타일은 상당히 다르다. 윌리엄스의 큰 특징이라면 패션이나 문화를 임의로 세분하는 경계를 넘나들고 패셔너블함을 드러내는 일에 두려움이 없다는 점일 거다. 이는 개인적인 스타일링과 패션 작업 양쪽 모두에서 볼 수 있다. 우선 그의 스타일을 보면 컬러와 프린트가 눈에 띈다. 그는 티셔츠나 청바지 같은 심플한 아이템 혹은 테일러드 재킷이나 코트 같은 전형적인 아이템에 다양한 컬러나 카무플라주, 호피, 꽃무늬 등 화려한 프린트의 아이템을 자주 뒤섞는다.
또 후디나 티셔츠, 청바지나 배기팬츠 같은 스트리트 패션 아이템을 셔츠나 테일러드 재킷과 조합하고 거기에 보석, 시계, 선글라스 등 번쩍거리는 액세서리를 더하는 것도 즐긴다. 오버사이즈 페도라를 비롯해 볼캡, 베레, 비니 등 다양한 모자도 그의 시그니처 아이템 중 하나다.
패션 작업에서도 비슷한 양상이 보인다. 그는 1990년대 초반 힙합과 R&B 뮤지션이자 프로듀서로 커리어를 시작했고 2000년대 들어 제이지나 스눕 독 같은 힙합 뮤지션과 브리트니 스피어스, 저스틴 팀버레이크를 비롯한 여러 팝 스타의 음반 프로듀싱 작업을 하면서 유명해졌다. 이러는 동안 스타일 아이콘으로 부상해 입지를 다졌고 패션 분야에 본격적으로 진출하게 된다.
시작은 2004년 니고와 함께 스트리트 패션 브랜드 빌리어네어 보이스 클럽과 스니커즈 중심의 서브레이블 아이스크림을 론칭한 것이었다. 달러 기호, 다이아몬드, 우주인 등 인상적이고 재미있는 프린트, 아이스크림처럼 다양한 색감의 스니커즈 등을 선보인 이들 브랜드는 고급 패션화된 스트리트 패션을 대중화했다는 평가를 받는다. 비슷한 시기인 2004년과 2008년에 윌리엄스는 루이 비통과 협업해 밀리어네어 선글라스를 출시했는데 이 일이 2023년 디렉터 임명 발표에서 언급되기도 했다.
퍼렐 윌리엄스의 패션 커리어에서 중요한 행보라면 아디다스 그리고 샤넬과의 협업이다. 아디다스와는 2014년부터 협업을 이어오고 있는데 NMD HU, NMD S1 RYAT 등 여러 오리지널 모델을 내놓았으며 더 나아가 휴먼레이스 의류 컬렉션도 선보였다. NMD HU는 샤넬과의 삼자 협업으로 이어져 2017년에 한정판 모델을 출시하기도 했다.
이후 2019년에 윌리엄스는 샤넬 최초의 게스트 디자이너로 샤넬 퍼렐 컬렉션을 선보였다. 그래피티로 재해석한 CC나 N°5 같은 상징적인 로고, 레트로 스트리트 패션의 원색 색감이 두드러지는 후디와 티셔츠, 테리 소재의 버킷모자, 다양한 컬러의 로퍼와 그래피티로 덮인 스니커즈, 로고가 새겨진 감각적인 선글라스 등 그가 그동안 쌓아온 스트리트 패션과 럭셔리 패션의 융합을 잘 보여줬는데 샤넬의 컬렉션이라고 보면 꽤 파격적인 모습이었다고 할 수 있다.

이 밖에 몽클레르와도 2010년부터 여러 협업을 진행해왔는데 그중에는 플라스틱을 재활용한 바이오닉 원사로 제작한 다운재킷 같은 제품도 있다. 또 그는 2020년 휴먼레이스라는 스킨케어 브랜드를 론칭했다. 크루얼티프리와 비건 원료, 자연주의와 지속가능성 등을 내건 브랜드다. 패션을 포함해 최근의 세계적 관심사에 적극적으로 참여한다는 인상을 준다.

퍼렐 윌리엄스는 전임자 버질 아블로와 비슷한 기반 위에 있지만 다른 방식과 태도를 지녔다. 아블로가—스트리트 패션의 방식 중 하나인—레퍼런스의 응용과 상징, 의미 부여에 무게를 두며 미니멀한 패션을 추구했다면, 윌리엄스는 눈에 잘 띄는 컬러와 반짝거리는 장식, 돋보이는 액세서리 등을 활용하고 새로운 시도와 실험을 망설이지 않는다. 말하자면 독특한 모습을 만들어 자신을 드러내고 과시하는 패션 본연의 역할에 더 큰 무게를 둔다.

어쨌든 퍼렐 윌리엄스가 맡은 브랜드는 루이 비통이기 때문에 그만의 패션에 대한 태도, 지금까지의 작업 형태와 방식, 지속가능성 같은 최근의 관심사를 손에 쥐고서 루이 비통의 전통을 재해석하고 조합하게 될 거다. 루이 비통은 가시성이 아주 높은 패션계 최상단의 브랜드인 만큼 그 위상에 걸맞은 역할이 있고 기대치도 매우 높다. 따라서 그가 자신의 방식과 브랜드의 전통을 과연 어떻게 융합시켜 그런 역할을 해낼 만한 컬렉션을 내놓을지 귀추가 주목된다.
밀레니얼과 Z세대를 대상으로 하는 고급 패션이 대세를 주도하던 코로나 팬데믹 시대가 끝나가면서 패션의 흐름도 변화의 조짐이 보이고 있다. 여기에 맞춰 많은 브랜드들이 크리에이티브 디렉터를 교체하며 리빌딩을 하고 있다. 특히 케링 쪽은 사바토 데 사르노가 구찌를 맡게 되면서 이전과는 꽤 다른 모습이 등장할 것으로 예상되고, 보테가 베네타는 마티유 블라지가 이끌게 되는 등 이전의 방향을 가다듬는 행보를 보이는 중이다. 뎀나 바잘리아의 발렌시아가 정도가 이전의 흐름을 이어간다.
하지만 LVMH는 스트리트 패션과 럭셔리 패션의 관계를 유지하고 강화하고 있다. 지방시의 매튜 윌리엄스, 겐조의 니고, 그리고 LVMH가 경영에 개입하지는 않는다고 하지만 60퍼센트의 지분을 사들인 오프-화이트의 이브 카마라, 루이 비통의 퍼렐 윌리엄스 등이 모두 스트리트 패션 쪽 인물이다. 특히 루이 비통 남성복의 새 수장으로 퍼렐 윌리엄스를 결정한 선택이 주류 패션의 흐름에 과연 어떤 영향을 미칠지 관심을 가지고 지켜볼 만하다.
이런 변화는 밀레니얼과 Z세대에 대한 어필 대신 올드

스쿨 엘레강스가 다시 전면에 드러나는 흐름에 기반한다. 코로나 시대가 끝나면서 사회 변화의 속도가 주춤하고, 보수적 성향이 다시 힘을 얻으며, 사람들은 티셔츠와 바람막이 대신에 좀 더 잘 만들어진 옷을 입고 바깥에 나가고 싶어 한다. 이런 분위기 속에서 일상복을 패션화하는 데 멈춰 있는 스트리트 패션은 아직 사용 범위가 한정적이다.
아울러, 밀레니얼과 Z세대를 벗어나 새로운 구매자를 찾아내고 만들어내기 위해 여러 가지 시도가 이어지고 있다. 눈에 띄는 것 중 하나는 케이팝 아이돌의 글로벌 앰배서더 기용이다. 2022년, 2023년 주요 럭셔리 브랜드의 패션쇼와 이벤트에는 거의 예외 없이 케이팝 아이돌이 게스트로 초대받아 등장하고 있다. 캣워크에 서기도 하고 예고 영상에 출연하기도 한다. 이런 흐름 속에서 디올, 루이 비통, 구찌 등이 주요 패션쇼를 한국에서 개최하기도 했다.

한국의 전체 시장 규모는 그렇게 크지 않다지만 럭셔리 제품 소비액이 매년 20퍼센트 정도씩 성장하고 있고 1인당 구매액은 40만 원대로 30만 원대의 미국이나 6만 원대의 중국에 비해 상당히 크다. 또한 이른바 4세대 아이돌 시대가 본격적으로 시작되면서 처음부터 글로벌 무대를 대상으로 활동을 전개하는 팀이 많아 인지도도 높고 해외 팬덤도 크다. 따라서 럭셔리 패션 브랜드와 케이팝 아이돌이 손을 잡는 것은 결국 양쪽 모두에게 득이 될 만한 선택이다.
하지만 이런 움직임은 미성년자 모델 기용을 줄이고 성적 대상화에 반대하는 등 지금까지 이슈가 되었던 주요 흐름과 상반된다. 이미 연예인으로 활발하게 활동하고 있는 한국의 스타이기 때문에 어려 보이는 모습 등을 상관하지 않고 오히려 활용하는 듯한 분위기도 있다. 케이팝 열풍 초창기에는 유럽에서 페도필리아가 아니냐는 비판이 나왔지만 이제는 많이들 익숙해졌는지 그런 이야기는 눈에 띄게 줄어든 것 같다. 그리고 이게 나이 어린 앰배서더 기용에 대한 논란을 막아내는 일종의 방어막이 되는 것처럼 보이기도 한다.
특히 블랙핑크에 이어 뉴진스가 멤버 모두 구찌, 버버리, 샤넬, 디올 등의 앰배서더로 활동하게 되면서 2000년대 중후반생이 럭셔리 브랜드를 대표하고 홍보하는 모델이 되었다. 물론 이 나이대에도 소득이 높은 이들이 있기는 하지만 대부분의 경우 아직은 부모로부터 용돈을 받아 생활하는 연령대다. 럭셔리 브랜드가 이 세대 아이돌을 앰베서더로 발탁하는 건 아동복 라인 확대와 연관 지어 생각해볼 수 있는데 아이들이 고가 브랜드 문화에 아주 일찍부터 익숙하고 그렇게 성장하도록 바탕을 깔아놓는 거라 할 수 있다. 이들의 활동 모습은 그렇지 않아도 유행에 민감하고 케이팝 아이돌의 영향을 강하게 받는 10대 이하 팬층에도 큰 영향을 미치고 있다. 중고등학생은 물론 이제 심지어 초등학생 명품 유튜버도 등장해 언박싱 영상을 올린다.
이런 우려와 반발에 대해 아이돌 팬덤은 든든한 방어막이 되어준다. 특히 글로벌 앰배서더로 활동하게 된 걸 세계적인 그룹으로 인정받았다는 신호로 받아들이거나 국위 선양 비슷하게 인식하는 경향도 볼 수 있다. 특히 남을 신경 쓰지 않고 자신이 원하는 걸 추구한다는 태도를 전달하는 그룹이 많아졌는데 이런 콘셉트와 럭셔리 브랜드 앰배서더, 광고 모델 활동의 조합은 그다지 탐탁지 않은 메시지를 만들어낸다.
결국 어려지는 럭셔리 제품의 소비층, 소득 격차, 과시적 소비 등 여러 가지가 결합되어 있기 때문에 브랜드나 아이돌 엔터테인먼트 회사의 자정 노력 또는 법적 규제만으로 해결하기 어려운 까다로운 문제다. 패션의 긍정적인 의미는 확대하되 고가 제품 소비에 치중하는 행태를 극복해 나아가는 길에는 여전히 넘어야 할 벽이 무수하다.

아무튼 모든 게 정체된 듯한 상황에서 뒤늦게 세상의 변화를 빨아들인 패션이 디자이너 룩을 대체하는 새로운 형식을 만들어내는 데는 성공하지 못했다는 의미이기도 하다. 럭셔리 팬들이 완전한 변화와 새로운 방식을 받아들이기까지 시간이 더 걸릴 거라는 신호이기도 하고, 밀레니얼과 Z세대가 지금의 럭셔리 산업을 완전히 끌고 갈 수 있을 정도로 자금이 많은 건 아니었다는 뜻이기도 하다.
즉, 코로나 기간을 전후로 젊은 세대들이 주로 투자했던 비트코인 등 가상화폐의 가격 상승, 팬데믹이 시작되면서 유지된 낮은 금리 속에서 주식을 비롯한 고위험 투자에 몰려든 자본 등이 만들어냈던 리세일 시장과 하이프 패션의 과잉 수요가 일단락되었다고 볼 수 있다.

그렇다고 해서 이 기간 동안 등장한 변화의 기운들이 무의미해지고 과거로의 복귀가 이뤄질 거라 섣불리 예측할 수는 없다. 혹시나 누군가 2014년과 똑같은 패션을 들고 나온다 해도 패션쇼 위 모델의 인종과 문화, 몸집, 젠더의 양상이 이미 달라져 있다. 보는 사람들의 태도와 관점도 변했다. 사회 안에서 패션의 사용 용도와 방식도 달라지고 있다. 예전과 똑같은 이야기가 나올 수는 없다.

ㄴ 패션의 중심은 여전히 유럽이다

미국에서 만들어진 일상의 옷이 스트리트 패션을 구성했고 이윽고 패션의 주류 아이템이 되었다. 티셔츠와 후디, 바람막이 재킷, 그리고 힙합 패션과 스트리트 패션에 대해 가장 잘 아는 건 아마 미국인일 거다. 그럼에도 아직 세계 패션을 지배하는 큰 회사들은 유럽에 있고 누구보다 발 빠르게 움직이며 스트리트 패션을 비롯한 하위문화를 흡수하고 있다.

라프 시몬스의 캘빈클라인에서 볼 수 있듯 미국 회사로서는 고급 패션 브랜드의 방식에 적응하는 것이 아직은 어려운 것 같기도 하다. 버질 아블로의 파이렉스 비전이나 오프-화이트도 본사를 이탈리아 밀라노에 두고 있었다. 폴로와 챔피온처럼 오랜 역사의 미국 브랜드 옷에 낙서를 해서 팔아도 밀라노라는 이름이 붙어야 할 필요가 있었는지도 모른다. 이런 이유로 미국에서 자라 스트리트 패션을 기반으로 고급 패션을 만들던 이들이 하나둘 유럽으로 넘어가고 있다.

헤론 프레스톤은 뉴욕의 파슨스디자인스쿨을 나온 후 나이키에서 소셜미디어 디렉터 등으로 일했고 카니예 웨스트의 아트 디렉터로 투어 머천다이즈를 디자인하기도 했다. 또한 그의 2016년 앨범 《라이프 오브 파블로》와 패션 브랜드 이지의 컨설턴트를 맡았다. 이후 뉴욕에서 브랜드 유니폼을 론칭했고 뉴욕시 위생국과의 협업으로 제로 웨이스트 테마의 옷을 선보이기도 했다. 패션 디자인뿐만 아니라 DJ로 슈프림과 이벤트를 하거나 코첼라에 나가기도 했다. 그리고 2017 FW 컬렉션인 '포 유, 더 월드'(For You, The World)를 시작으로 파리 패션위크에 진출했다.
매튜 윌리엄스는 시카고 출신으로 어린 시절 캘리포니아로 이주해 로스앤젤레스의 스케이트 문화 속에서 자랐다. 초창기부터 혼자 일하며 레이디 가가의 크리에이티브 디렉터를 맡았고 카니예 웨스트와 협업하기도 했다. 그러다 브랜드 빈트릴을 론칭해 패션, DJ 문화 쪽 사람들과 교류했는데 빈트릴에는 버질 아블로와 헤론 프레스톤도 참여했다. 2015년 이탈리아 밀라노로 옮겨 가 슬램 잼 설립자인 루카 베니니의 도움으로 브랜드 알릭스를 론칭했다. 이후 나이키, 디올 등과 협업을 이어가다가 2020년 지방시의 크리에이티브 디렉터로 임명되며 파리로 갔다.

이렇듯 미국에서 스트리트 문화, 힙합, DJ, 스케이트보드, 예술 관련 사람들과 교류하며 패션으로 세계적인 영향력과 부를 쌓고 기존 하이 패션의 미감과 역할 자체를 변화시키는 데 큰 역할을 해왔다고 해도 패션에서 성공의 지표라면 아직은 이탈리아 밀라노나 프랑스 파리로의 입성이다.

지금까지 패션, 특히 하이 패션의 역사는 대부분 유럽의 몫이었다. 귀족들의 주문에 따라 옷을 제작하는 데서 벗어나 디자이너가 주도하는 패션하우스를 세운 것도 유럽이고 이후 파리와 밀라노, 런던 등을 중심으로 패션 산업을 끌고 온 것도 유럽이다. 이에 비해 미국은 패션 소비의 중심이었다고 할 수 있다. 제2차 세계대전이 끝난 후 다시 가동되기 시작한 유럽의 패션하우스들은 미국 소비자들 덕분에 성장할 수 있었다. 시간이 지나면서 성장 동력은 한국과 일본을 비롯한 아시아, 중동 지역으로 확대되었고 최근에는 중국의 구매력이 소비의 상당한 부분을 차지하고 있다.
유럽이 포멀웨어에서 시작해 오트쿠튀르, 아방가르드 패션 등으로 나아가며 하이 패션의 영역을 넓히는 동안 미국에서는 실용적이고 편안한 캐주얼 옷이 많이 나왔다. 오랜 역사의 스포츠, 캠핑, 아웃도어 의류 브랜드들이 내놓은 기능적이고 실용적인 옷은 전 세계로 퍼져 많은 이들의 일상복이 되었다.
이렇게 지속되어오던 패션에 몇 가지 변화가 생겨났다. 하이 패션의 주된 소비자들이 글로벌화하고 세대 교체가 일어났으며 스트리트 패션이 주류화되었다. 대체로 실용적이고 편한 옷을 선호하는 경향이 강해지는 것은 복장의 격식이나 규율을 따르기보다는 편안함이나 자기만족을 추구하는 사람들이 있다는 의미이기도 하다.
이 현상이 뚜렷해지고 중요해지면서 이런 옷에 대해 누구보다 잘 아는 사람들이 본격적으로 들어오기 시작했다. 어릴 때부터 일상복 기반의 패션 하위문화에 친숙했고 NBA 농구나 힙합의 패션 요소들에 영향을 받고 자라 이쪽 분야의 작동 방식을 알고 있는 사람들이다. 다양성이 그 무엇보다 높은 가치로 여겨지면서 패션이 아닌 다른 분야에서 창조성을 키워온 이들이 각광받기도 했다.
버질 아블로를 비롯해 헤론 프레스톤과 매튜 윌리엄스 같은 인물들, 그리고 알릭스나 사무엘 로스의 어콜드월 같은 미국 스트리트 문화 기반의 브랜드들이 이런 흐름을 상징적으로 보여준다. 겐조의 크리에이티브 디렉터를 맡게 된 니고도 1990년대 초부터 일본에서 미국 패션의 강력한 영향 아래에 있었고 자신이 좋아하던 패션을 재구성하며 하라주쿠 패션 신을 만들어왔다. 겐조에 들어간 후에도 다카다 겐조가 즐겨 사용하던 호랑이와 코끼리 같은 애니멀 프린트나 플라워 프린트 등을 미니멀하게 재해석해 워크재킷, 자수 점퍼나 후디, 스웨이드 워크부츠 등 전형적인 미국 패션의 아이템에 적용하고 있다.
미국패션디자이너협회(CFDA)도 변화하는 패션 지형에서 영향력을 가지고 미국 디자이너들을 지원하기 위해 노력을 기울이는 중이다. 2006년부터 협회를 이끌던 디자이너 다이앤 본 퍼스텐버그에 이어 2019년 톰 포드가 회장으로 취임했고, 2023년부터는 톰 브라운이 회장직을 맡는다. 그리고 CFDA가 2018년 올해의 남성복 디자이너로 슈프림의 제임스 제비아를 선정함으로써 스트리트 패션에 힘을 실어주었다.

유럽의 하이 패션 브랜드들이 협업하는 노스페이스, 칼하트, 챔피온, 디키즈 등도 미국 브랜드들이다. 이런 협업의 타깃은 노스페이스나 칼하트의 주요 소비층이 아니라 구찌나 꼼데가르송의 소비층이다. 아울러 재래시장 감성, 레트로, 친환경 등의 트렌드와 맞물려 이런 미국 브랜드에서 현재 시판되는 제품뿐만 아니라 빈티지 제품도 인기를 끌고 패셔너블하게 소비되고 있다.

유럽 문화를 출발점으로 삼은 하이 패션은 아직은 오랜 역사와 명성을 지닌 유럽 브랜드들이 중심에 있는 상태에서 전 세계로 확장되고 있다. 그렇지만 이제부터가 본격적인 시작이다. 기반의 이동과 변화, 다양성의 확대로 패션은 지금까지와 다른 모습을 보여줄 가능성이 높아졌다. 미국뿐만 아니라 세계 각지에서 다양한 인종, 문화, 성 정체성의 사람들이 패션 브랜드를 론칭하고 주요 무대에서 성공하는 경우도 늘고 있다. 형식적 체계를 중시하는 하이 패션의 종주국이 힘을 잃을수록 다양성이 패션의 영토를 넓혀갈 거라 기대해 볼 수 있다.

패션과 함께

II부

패션과 사회의 상호작용

ㄴ 패션의 생산자와 소비자

패션은 개성을 만드는 일이다. 사람마다 각자의 취향이 있고 자기 나름의 선택을 한다. 이렇게 개성이란 개인을 향하는 듯하지만 사실 집단성이 작용한다. 즉 개성은 어떤 집단이 가진 집단적 모습과 개별적 변형의 합이다. 예를 들어 현대의 고급 패션은 대기업의 중역, 의사나 변호사 같은 연봉이 높은 전문 직종 종사자들이 주요 고객이었다. 좋은 집과 좋은 자동차처럼 고급 옷도 이들이 자신을 드러내는 방식이다. 비슷한 사람들끼리 비슷한 패션을 소비한다. 그래도 각자는 그 범위 안에서 자신의 취향에 따라 옷의 형태를 고르고, 넥타이 컬러와 치마의 생김새, 액세서리를 선택한다.

패션이 하위문화에서 통하는 방식도 마찬가지다. 하위문화 집단은 패션을 통해 다른 무리와 자신들을 구별 짓는다. 그 속에서도 개인의 선택이 반영된다. 같은 옷이라도 입는 사람에 따라 차이가 좀 나지만 어떤 요소는 자세히 들여다보지 않으면 모른다. 1960년대 영국에서 흥했던 하위문화인 모드족이 피시테일 파카를 입고 베스파 스쿠터를 타고 지나간다면 모드족을 모르는 사람 입장에서 보면 그들이 획일적으로 똑같은 옷을 입고 있는 무리로 보일 뿐이다. 하지만 피시테일 파카와 베스파 스쿠터라는 집단성이 곧 다른 사회 집단과 차이를 만드는 개성이고, 게다가 자세히 보면 각자 다른 특징을 지니고 있다. 이렇게 집단성은 정체성이자 개성이 된다.
보통 한 개인의 패션은 주변에서 보고 들은 것들에 강력한 영향을 받는다. 특히 하위문화를 좇는 청년들일수록 그런 경향이 강한데 돈은 없고 먼 곳에서 구할 수 있는 새로움도 많지 않기 때문이다. 주변에서 따라할 만한 멋진 옷과 삶의 방식을 탐색한다. 하위문화가 특정 지역과 계층, 구하기 쉬운 일상복을 중심으로 생겨나고 유지된 이유다.

그러나 이제 하위문화의 출처는 동네 골목이 아니다. 주변 사람들을 넘어 영화, 텔레비전이었다가 각종 SNS 등으로 채널과 영역이 한층 다양해졌다. 영화와 텔레비전은 오랫동안 꽤 큰 영향력을 행사했는데 하위문화가 지역을 벗어나 세계적으로 유명해지도록 만든 주역이었다. 1950년대에 제임스 딘이 나온 영화 「이유 없는 반항」을 계기로 청바지는 반항적인 10대들에게 각광을 받았고 1960년대부터 대중화된다. 모드는

1950년대 런던에서 시작되어 영국 전역으로 퍼졌지만 유행이 거의 끝난 후인 1979년에 영화 「콰드로페니아」가 개봉하면서 그 스타일과 삶의 방식이 세계 속에서 패션으로 정착한다.
「이유 없는 반항」이나 「콰드로페니아」를 들어본 적조차 없는 사람도 많지만, 청바지와 피시테일 파카는 이미 유행의 물결 안에 자리를 잡았고 시기에 따라 등장했다가 사라지기를 반복한다. 농구 선수 마이클 조던이 누군지 모르는 사람은 많아도 나이키의 조던 운동화는 여전히 잘 팔리는 것과 비슷하다.
밀레니얼과 Z세대 그리고 2010년 이후 출생한 알파세대는 스마트폰과 SNS를 자연스럽게 접하며 자랐다. 사회적, 정치적 이슈도 그 안에서 공유되었고 그 경험을 통해 각자의 기준도 형성되었다. 이전 세대가 만들어놓은 사회에 대한 이들의 불신은 미투나 블랙 라이브스 매터 운동 등을 통해 분명하게 드러났다. 윗세대들은 세계화니 평등이니 떠들고 있었던 것 같지만 삶의 방식과 실제 행동은 구시대적 관념에서 벗어나지 못했다는 거다. 그리고 이런 명백하게 차별적인 사회와 문화를 실질적으로 변화시킬 다양한 방법을 찾기 시작했고 패션 역시 예외가 될 수 없었다.
예를 들어 패션이 재생산하는 전통적 관념이 있다. 같은 일을 하더라도 성별에 따라 입는 옷이 다르다. 여기에는 이런 구별이 서로를 더 멋지게 보이게 만든다는 고정관념이 들어 있다. 물론 남성과 여성은 몸의 생김새가 다르기 때문에 차이가 있을 수 있다. 하지만 지나친 불편을 감수해야 하는 디자인을 보면 누구 좋으라고 이렇게 만드는 건지 의문이 든다. 아웃도어웨어와 워크웨어 같은 기능성 위주의 옷이 젊은 세대 사이에서 인기를 얻은 것도 같은 맥락에서 볼 수 있다. 이런 옷은 아무튼 산을 잘 타고 육체노동을 잘한다는 목표를 향해 직진한다. 불편을 견뎌야만 하는 불필요한 패션을 강요하지 않는다. 물론 이런 와중에도 허리가 쏙 들어가고 다리가 길어 보이는 등산복 같은 걸 계속 내놓는 곳들이 있다. 그래서 사람들은 브랜드의 태도를 판단해 선택의 기준으로 삼는다.

고급 패션 쪽으로 가면 이런 시도는 훨씬 은밀하고 집요하다. 사람들이 열망하는 삶의 모습과 그 속에 있는 패션을 보여줘야 하기 때문이다. 옷뿐만 아니라 광고와 사진, 패션쇼 등 다양한 시각적 자극을 통해 분위기를 압도해야 한다. 그래서 사람들이 선망하는 모델을 세우고 광고를 찍는다. 단순한 하얀색 티셔츠도 환경과 맥락에 따라 다르게 보이기 때문이다.

패션 브랜드에서는 사람들이 원하니까 그렇게 하는 것이라고 말하겠지만 그런 모습을 조각하고 보기 좋게 포장해냈기 때문에 사람들이 원하게 된 거다. 서로의 상호작용을 통해 재생산되는 이미지는 기존 구조를 더 강고하게 만든다. 어떤 모습이 익숙해지면 더 좋아 보이는 법이다. 사람들은 예쁘고 멋진 걸 좋아하는 게 인간의 본능이라고 말하지만 예쁘고 멋지다는 생각 자체가 사회적이고 역사적인 산물이다.

예전에는 그저 잘생기고 예쁜 남자와 여자가 선망의 대상이었겠지만 시간이 흐르면서 미의 기준이 점점 더 엄격해지고 세분화되고 있다. 골반, 뒤태, 속눈썹, 종아리 등 몸 구석구석의 세세한 모습까지 정교하게 평가된다. 뷰티 산업과 다이어트 산업이 맹위를 떨친다. 따라오지 못하는 이들에게 게으르다고, 사회적으로 제대로 대접받지 못할 거라고 말하고 과체중이 유발하는 수많은 병에 대해 끊임없이 경고한다.

모니터 화질이 좋아지면서 인터넷 커뮤니티와 SNS 안에서 이뤄지는 '얼굴평', '몸평' 역시 세밀해졌다. 스마트폰의 사진 앱도 한몫 거든다. 순간적으로 포착된 모습은 왜곡을 담고 쉽게 리터치도 할 수 있다. 그런 사진이 찍히면 실제 자기 모습과 상당히 다르다는 걸 스스로 알면서도 멋지고 예쁘게 나왔다고 좋아하며 SNS에 올린다.

무리하게 다이어트를 하거나 본인인지 알아보지도 못할 사진을 올리는 개인을 탓할 수는 없다. 사회적으로 멋지거나 예쁘다는 소리를 듣는 모습이 있고, 거기에 부응하지 않으면 시대에 뒤처졌다거나 게으르다거나 하는 평가와 함께 실질적 불이익을 받기 때문이다. 그런 압력이 사람들의 무의식적 행동과 판단을 지배할 만큼 커져버렸다.
패션계는 일단 눈에 보이는 부분을 뜯어고치기 시작했다. 대표적으로 LVMH와 케링이 함께 만든 모델 가이드가 있다.↓ 2019년 발표된 이 지침은 모델의 몸 사이즈나 나이 등에 하한선을 설정했다. 너무 마르거나 너무 어린 사람이 나오는 광고를 금지한 거다. 사람들은 광고와 패션쇼에 다양한 형태의 몸과 나이대의 모델이 등장하는 걸 보며 조금 더 다양한 인간의 모습과 어우러진 패션에 익숙해질 수 있다.
변화를 위한 촉구는 2021년까지 이어진 미국의 트럼프 대통령 재임 기간 동안 미국 내 성차별, 인종차별, 문화차별이 격화되면서 이를 시정하기 위한 사회적 요구가 커진 것과도 관계가 있다. 새로운 구매층이 이런 부분에 관심이 많다는 사실을 안 이후 패션 브랜드의 사회적, 정치적 발언이 눈에 띄게 늘어나기 시작했다.

2016년 마리아 그라치아 키우리가 크리스챤 디올의 크리에이티브 디렉터가 되었다. 1946년 디올의 설립 이래 최초의 여성 디렉터다. 키우리가 들어간 후 디올은 나이지리아의 소설가 치마만다 응고지 아디치에의 책 제목인 "우리는 모두 페미니스트가 되어야 합니다"(*We Should All Be Feminists*)를 슬로건으로 내

→ 이 가이드라인과 모델 보호에 대한 자세한 내용은 LVMH와 케링에서 만든 웹사이트 www.wecareformodels.com에서 살펴볼 수 있다.

세운 컬렉션을 선보였고 이 문구를 티셔츠에 프린트로 넣기도 했다.

또 다른 예도 있다. 크리스토퍼 베일리는 2004년부터 2018년까지 버버리의 크리에이티브 디렉터로 일하며 버버리의 인기를 다시 끌어올리는 활약을 했다. 그는 2012년 동성 결혼을 한 동성애자인데 버버리를 떠나는 마지막 패션쇼에서 LGBTQ+에 대한 존중의 메시지를 표현했다. 그래서 성소수자의 상징인 6색 무지개를 버버리를 대표하는 트렌치코트, 머플러, 가방 등의 제품에 담았다. 이 컬렉션에 대해 그는 "다양성이 창의력의 근본"이라는 말을 남겼다.

디자이너 프라발 구룽도 빼놓을 수 없다. 구룽은 싱가포르 출신의 네팔인으로 미국으로 이민해 패션 브랜드로 성공한 사람이다. 동성애자이기도 하다. 미국에서는 트럼프가 대통령이 된 후 이민자에 대한 압력이 커지자 이에 많은 반발이 있었고 프라발 구룽도 패션을 통해 동참했다. 그는 "나는 이민자다"(I am an Immigrant)라고 적힌 티셔츠를 패션쇼에서 선보였다. 이 외에도 성 다양성, 페미니즘과 관련된 구호를 담은 옷들을 만들었다.

이렇게 여성, 성소수자, 이민자 등의 정체성을 가진 디자이너들이 패션쇼를 통해 자신과 직접 관련이 있는 이슈에 대해 목소리를 높이며 성평등과 성·인종·문화 다양성 인정 문제를 다뤘다. 그리고 점점 더 많은 디자이너들이 자신의 패션에 사회적인 메시지를 담아내는 데 이전보다 적극적으로 나서고 있다.
패션쇼 바깥에서 브랜드나 디자이너의 이름으로 목소리를 내는 경우도 있다. 디자이너 레베카 밍코프는 세 번째 아이를 출산하면서 2018년 뉴욕 패션위크 참가를 포기했다. 그 대신 매년 1월에 열리는 여성 행진 2018을 후원하기로 결정했다. 이와 함께 'RM 슈퍼위민'이라는 이름으로 여성 행진의 주최자들, 활동가들이 보내는 메시지를 전하는 캠페인도 열었다.
버질 아블로는 나이키와 협업해 파리의 이민자 축구단 멜팅 패시스의 유니폼을 제작하고 오프-화이트 패션쇼에 팀 멤버들을 초대하기도 했다. 이 팀은 적법한 거주 요건을 갖추지 못해 어떤 공식적인 팀에도 들어갈 수 없었던 이들로 구성되어 있다.
구찌의 예도 있다. 50명의 사망자가 발생한 2016년 올랜도 나이트클럽 총기 난사 사건 때 구찌의 직원 한 명이 사망하고 다른 한 명은 중상을 입은 일이 있었다. 2018년 2월에 플로리다주의 한 고등학교에서 또다시 총기 난사 사건이 일어났고 17명이 사망했다. 이런 사건이 반복되면서 미국에서는 총기 규제에 대한 목소리가 높아졌다. 구찌는 2018년 3월 말에 총기 규제 강화를 촉구하기 위해 열린 시위 '우리의 생명을 위한 행진'에 50만 달러를 기부하고 지지 성명을 냈다.
이 세 가지 움직임들 속에도 역시나 반대자들이 있다. 여성 행진에 반대하는 보수적 남성주의자들이 있고, 인종에 대한 편견을 가진 사람들도 있다. 불법 이민자들이 범죄를 일으킨다며 혐오를 드러내는 사람들이 있고, 총기 소지 문제도 개인의 자유를 중시하는 것이 미국의 전통이라며 규제를 반대하는 이들이 적지 않다. 아다시피, 전미총기협회는 미국 정치에 상당한 영향력을 행사하는 이익단체로 알려져 있다.
제품을 판매해야 하는 입장에서 굳이 소비자들 일부를 적으로 돌리는 건 그다지 좋은 결정이 아닐 수 있다. 그렇기에 패션 브랜드는 사회적, 정치적 이슈에 대해 말을 아끼고 그저 세상과 별로 상관없는 멋진 패션 이야기만 해왔던 것이다. 또 구매를 하는 사람들도 만든 사람이나 브랜드에 얽힌 복잡한 외부 상황에 그다지 관심을 두지 않았다. 그런 걸 따지는 게 패션과 무슨 상관이냐는 무관심과 심지어 차별적 발언을 쿨하다며 즐기는 이들도 적잖았다. 패션은 최대한의 자율과 표현의 자유를 가져야 한다고 여겼기 때문이다. 그런데 최근에는 많은 패션 브랜드들이 공공연하게 한쪽 편을 들고 있다.

왜일까? 새로운 세대가, 또는 새로운 소셜네트워크 이

용자들이 사회 이슈에 대한 브랜드의 반응과 태도를 주시하기 때문이다. 정치적 올바름에 개의치 않거나 윤리적 일탈, 도덕적 잘못을 한 패션 브랜드를 비판하는 목소리가 SNS에서 밈처럼 작동하는 분위기도 한몫 한다. 판이 깔리면 마음 내키는 대로 비난과 욕설을 퍼부을 수 있고 더 재치 있고 지독하게 놀릴 방법을 연구하기도 하는 게 SNS 공간이다. 브랜드와 디자이너의 과오는 자칫 밈이 되어 아주 빠른 속도로 전 세계에 퍼지기 십상이다.

패션 산업은 전보다 더 대중문화 속에 깊이 자리 잡으면서 과거보다 더 많이 눈에 띄게 되었고 문화에 미치는 영향력도 커졌다. 그들은 우리와 관련 없는 세상에서 우리와 관련 없는 사람들이 입는 어처구니없이 비싼 옷만 만드는 브랜드가 아니라 우리 가까이에 있고 우리의 문화를 만들고 있는 당사자라는 점을 지금의 젊은 세대는 확실하게 인식하고 있고, 따라서 이들의 태도에 더 적극적으로 반응한다.

└ 실수의 반복과 불매의 이유

패션 브랜드의 정치적인 발언이 늘었지만 그럼에도 실수는 나온다. 물론 예전에도 실수가 없었던 건 아니다. 문화나 성별, 인종을 둘러싼 편견이 훨씬 더 심했고 관계자의 발언이나 광고에서 대놓고 편견을 드러내는 일도 많았다. 이런 일이 생겨도 그저 몇몇만 화내고 넘어가거나 혹시 알아도 대수롭지 않게 생각하며 지나가는 사람이 많았기 때문에 널리 알려지지 않았을 뿐이다.

하지만 오늘의 시대에는 한순간이면 세상이 다 안다. 특히 광고의 문제점이나 사회적, 정치적 이슈와 관련한 사건이 계기가 되어 불매 운동까지 일어나는 경우가 늘고 있다. 그런데 고급 패션의 불매 운동은 일반적인 제품의 경우와 양상이 약간 다르다. 불매 운동은 특정 브랜드의 제품을 구입하지 않음으로써 회사에 실질적인 타격을 주고, 회사가 경제적 타격을 막아내기 위해 대응하는 식으로 전개된다. 하지만 고급 패션처럼 비싼 물건은 애초에 쉽게 자주 누구나 사는 게 아니다. 게다가 사건이 나기 전까지 문제의 브랜드 이름을 들어본 적조차 없는 사람도 많다. 이런 제품을 '불매'하는 게 소용이 있을 리 없다.
그리고 제품을 사는 사람과 문제를 제기하는 사람이 다르다는 문제도 있다. 그래서 고급 제품에 대한 불매 운동이 일어나면 사지도 못할 사람들이 떠들면 뭐 하냐고 비아냥이 흔했다. 브랜드에서도 이런 움직임의 실질적인 영향이 크지 않기 때문에 대개는 사람들이 잊어버릴 때까지 조용히 기다리곤 했다. 괜히 대응을 하면 몰랐던 사람들도 사건에 대해 알게 될 수 있다. 잠자코 있다가 좋은 제품을 내놓고 그게 인기를 끌고 유행을 하면 과거는 다 잊힌다. 이러한 이유로 예전에는 고급 브랜드에 대한 일반 소비자의 불매 운동 자체도 별로 없었고 효과를 내기도 어려웠다.
그렇지만 최근에는 상황이 달라졌다. 우선 SNS 등에 의한 이슈 파급력이 굉장히 커졌다. 순식간에 세계로 퍼지고 여러 나라의 뉴스에서 기사화된다. 고가의 유명 패션 브랜드가 저지른 인종적, 성적, 문화적 실수는 소비되기에 아주 좋은 뉴스다. 쉽게 분노할 수 있고, 분노의 이유는 대체로 정당하다.
온라인 매장의 이용 빈도가 높아진 것도 달라진 이유이다. 럭셔리 패션이라면 예전에는 고급스럽게 꾸며진 매장에서 최상의 서비스를 받으며 제품을 구입했는데 요즘은 온라인 구매가 빠른 속도로 늘고 있다. 그리고 어디 있는지 모를 부유층보다 연예인이나 인플루언서 등 눈에 보이는 구매자들이 많아졌고, 예전에 비하면 상당히 대중화되었다. 따라서 구매 당사자가 아니더라도 간접적 압박이 용이해졌다.

2019년에 돌체앤가바나는 중국 출신 모델이 젓가락으로 스파게티를 먹는 광고 캠페인을 내놨는데 이를 두고 중국에서 인종차별 논란이 일었다. 예정되었던 상하이 패션쇼가 취소되고 거센 불매 운동이 벌어졌다. 중국 사람들은 해당 제품을 파는 온라인 매장, 광고를 실은 매체, 돌체앤가바나의 옷을 입은 연예인 등에 일제히 비난과 압박을 가했다. 많은 온라인 매장들이 관련 제품을 사이트에서 내렸고 결국 돌체앤가바나는 사과문과 영상을 올리면서 진화에 나섰다. 프라다는 검은 얼굴에 빨간 입술을 가진 원숭이 모양 참(charm)을 매장 윈도에 진열했다가 19세기 초반 미국 문학 등에 자주 등장했던 인종차별적인 흑인 캐리커처를 연상시킨다는 비판을 받은 바 있다.

구찌는 다양성을 표방하는 패션을 선보이기 시작했음에도 논란을 피하지 못했다. 2015년에 치뤄진 알레산드로 미켈레의 데뷔 컬렉션 쇼에는 흑인 모델이 한 명도 없었다. 이에 대한 비판이 일자 2017년 봄에 공개한 '소울 신'(Soul Scene) 광고 캠페인에는 모든 모델을 흑인으로 내세웠다. 2016년에는 너무 마른 모델이 등장한다는 이유로 영국에서 광고가 금지를 당했다. 2019년에는 '블랙페이스' 분장이 떠오르는 발라클라바 제품으로 논란이 일었고 빨간 입술이 그려진 스웨터도 마찬가지 이유로 여론의 뭇매를 맞았다. 또 시크교도의 전통 복장인 터번을 제품으로 내놓았다가 종교 상징물로 돈벌이를 한다는 비판을 받기도 했다.

자신의 브랜드 이지는 물론이고 아디다스, 발렌시아가, 갭 등과의 협업으로 젊은 세대의 패션에 많은 영향력을 보여주던 카니예 웨스트는 2022년 반유대주의 발언으로 거의 모든 협업 계약을 파기당했다. 여러 논란성 트윗으로 트위터 계정도 정지되었는데 일론 머스크가 트위터를 인수한 후 되살아났다. 하지만 복귀 후 "나는 히틀러를 좋아한다" 같은 트윗을 올렸다가 다시 퇴출당하는 일도 있었다.

발렌시아가는 2022년 말 아동 포르노그래피를 연상하게 하는 광고 캠페인을 진행했다가 거센 비난을 받았다. 두 개의 광고 캠페인을 선보였는데 하나는 어린아이가 본디지를 한 테디베어를 손에 쥐고 있는 사진이었고, 또 하나는 아동 포르노를 연상시키는 광고가 미국 수정헌법 제1조를 위반하지 않는가에 관한 대법원의 문서 위에 아디다스와의 협업 가방을 올려놓은 사진이었다. 어떻게 봐도 의도적인 이 광고들에 대해 전 세계에서 비난과 소송, 불매 운동이 이어졌다.

고급 패션 브랜드들은 예전에는 별생각 없이 재미있다고 여기며 인종적 편견과 농담, 남녀 성역할에 대한 편견, 다문화에 대한 이해 부족을 패션과 광고를 통해 드러냈다. 이제는 이런 사고를 치면 전 세계적인 반발과 함께 불매 시위가 일어날 수도 있다. 전 세계를 대상으로 하는 산업은 거의 다 비슷한 상황인데 케이팝의 경우에도 인종적, 성차별 이슈가 종종 도마에 오르는 걸 볼 수 있다. 타인이 무슨 생각을 하는지를 통제할 방법은 없겠지만 그 생각이 머리 바깥으로 나오고, 그게 제품화되어 — 혼자 운영하는 양장점도 아닌 — 회사 바깥으로 나오는 동안 아무도 통제하지 않았다는 건 조직 구조의 문제점을 드러낸다.

반복되는 실수 속에서 브랜드들도 해결 방안을 모색하기 시작했다. 사실 이런 문제는 회사의 구성원이 어느 한쪽으로 편중되어 있을 때 발생하는 경우가 많다. 비슷한 인종, 성별의 사람들로 구성되어 있는 집단이 공정성에 대한 상상력을 아무리 발휘해봤자 한계를 넘어서기 힘들다. 또한 구성원의 다양성이 어느 정도 확보되어 있다고 해도 브랜드 고위층의 의사 결정에 영향을 미칠 수 없는 하위 직군에 한해서만 그렇다면 결과는 마찬가지다.

구찌의 블랙페이스 사건을 비판한 영화감독 스파이크 리나 대퍼 댄 등의 흑인 인사들은 유럽 패션 브랜드의 상층부가 인종 다양성을 확보해야만 이런 문제의 재발을 막을 수 있다고 주장했다. 전 세계의 소비자를 상대하는 만큼 그 구성에 버금가는 다양성과 발언권을 생산자 측에서도 확보한다면 해결책이 보일 수 있다. 물론 세상엔 수많은 인종과 고유문화를 가진 민족이 있고 기업 내부에 구성원으로 다 포섭하기 불가능하다면 영향력 있는 주요 고객층을 더 염두에 두는 식으로 한계 안에서 대책을 마련하는 수밖에 없다. 그럼에도 구성원의 인종, 성별 등 다양성 확대는 기업이 끊임없이 추구해야 하는 방향임이 분명하다. 여기에 각 나라의 차별 금지에 대한 법적 장치들이 도움을 줄 수 있다.

사고 방지를 위해 모니터링을 확충하는 사례도 늘었다. 만약 구찌의 빨간 입술 니트가 세상에 공개되기 전에 문제가 있다고 느끼는 사람이 내부에 있고 그에게 발언권이 있었다면 구찌는 잘못을 발견하고 다른 방법을 찾아낼 수 있었을 거다. 이런 차원에서 프라다는 2019년 미술작가 티에스터 게이츠와 영화감독 에이바 듀버네이를 위원장으로 위촉해 다양성 위원회를 구성했다. 구찌는 다양성 분야를 총괄할 디렉터 직책을 신설했고 다국적 디자인 장학금 제도와 글로벌 학습 및 교류 프로그램 등을 발표했다. 다른 브랜드들도 기업 전반의 활동을 지켜볼 다양성 위원회를 설치하는 식으로 대응하고 있다.

나이키나 아디다스 같은 큰 스포츠웨어 회사들도 차별과 편견을 버리자고 주장하는 광고 캠페인을 만들고 있다. 운동은 세계 모든 이들이 즐기고, 규칙 아래 실력이 중요할 뿐 인종과 성별을 떠나 모두가 평등하다. 그렇기에 이런 캠페인은 많은 이들에게 용기를 줄 수 있고 호응도 좋다. 결과적으로 브랜드의 이미지도 좋아질 수 있다.

하지만 앞서 열거한 많은 사건이 일어난 후에 발렌시아가의 아동 포르노그래피 광고가 세상에 나왔다는 건 문제가 해결될 때까지 아직 갈 길이 멀다는 걸 알려준다. 대단한 상업적 성과를 거두고 있는 브랜드의 리더를 통제할 방법은 여전히 많지 않다. 그리고 본인은 무엇이 문제인지 정말 모를 수도 있다. 스타 디자이너는 맹목적인 팬덤을 거느릴 가능성도 많다. 차별을 없애야 한다는 목소리가 커질수록 반대급부의 극단적 성향을 가진 단체들 또한 점점 활발해지는데 그들을 대상으로 하는 인기 브랜드나 디자이너가 나올 가능성도 높아지고 있다.

그런데 대중적인 반발이 항상 옳은 것도 아니다. H&M은 다양성 이슈와 관련된 캠페인으로 각 인종의 특징을 살린 광고를 내보낸 적이 있다. 외려 이게 중국 등 몇몇 나라에서 상당한 반발을 샀는데 브랜드가 특정 국가를 모독하려고 일부러 '못생긴' 모델을 썼다는 것이 이유였다. 못생기고 예쁘고의 기준이 불필요하다는 주장을 하는 광고에 이런 식의 반응이 나오면 브랜드 입장에서는 대응할 방법이 없다. 반발 때문에 모델을 바꾼다면 '못생김'에 대한 과거의 기준, 즉 없애고자 하는 기준을 인정하는 셈이 된다.
H&M에서는 다양성의 소중함에 대해 피력하며 그들의 주장을 반박했다. 사실 이런 주장이 나왔을 때 그 나라들 안에서도 "서양 중심의 시선", "멋짐과 예쁨에 대한 기존의 시각" 같은 비판이 나왔다. 어떻게 대처하느냐는 그저 쉬이 움직이는 여론에 따라 결정되는 일이 아니며 여론에는 국가적 이익이나 감정 같은 요인도 적잖이 작용한다. 긍정적인 시각으로 보자면 이런 부딪힘이 늘어날수록 사회는 더 풍부한 논의를 할 수 있게 될 것이라는 점이다. 다음 단계로 나아가는 건 결국 그 사회의 몫이다.

조금 더 복잡한 사례도 있다. 신장 지구의 면화 생산 문제가 그렇다. 강제 노동과 정치적 탄압에 대한 의심이 계속되고 있지만 중국은 국내 문제라는 이유로 간섭하지 말라고 한다. 그러는 사이 어떤 기업은 큰 이익을 보고 또 다른 기업은 신장 면을 쓰지 않겠다고 선언한다.
이런 선언적 거부에 대해 동조나 지지를 표한 브랜드는 환영을 받기도 하지만 중국 쪽에서는 큰 비판을 받는다. 이렇게 보편적인 인권 문제로 여길 만한 사안에 대해서도 각 나라의 경제적, 정치적 이슈가 얽히면서 의견 대립이 생긴다. 특히 중국 시장은 공급과 소비 양쪽 측면에서 크고 중요하다. 그래서 브랜드와 유명인 등은 이런 문제 앞에서 차라리 조용히 있으려고 한다. 그러면 다른 창에서 침묵에 대한 공격이 들어온다. 사회적, 정치적 메시지를 좋은 이미지를 얻기 위해 사용했고 경제적 이익도 챙겨놓고는 정작 발언과 행동이 필요한 일이 생겼을 때 침묵하는 건 앞뒤가 맞지 않기도 하다.

노동과 인종 및 문화 다양성에 관한 사회적, 정치적 메시지라는 건 티셔츠 위의 문구로만 존재하는 게 아니다. 여전히 많은 곳에서 많은 이들에게 생사가 걸린 문제다. 그럼에도 아주 복잡한 국제 관계가 얽혀 있기 때문에 개선되기까지는 상당히 오랜 시간이 걸릴 거다. 꾸준히 관심을 가지고 이야기를 이어나가는 게 현 상황에서 우리가 할 수 있는 일이 아닐까 싶다.

ㄴ 더 많은 사회적, 정치적 메시지

트럼프 시대가 끝난 이후 티셔츠에 문구를 프린트하는 식의 슬로건 패션은 줄어들었다. 패션의 관심사도 점차 티셔츠나 후디를 떠나 테일러드 옷에 실용성과 기능성을 어떻게 집어넣을지, 디자인 중심의 옷과 실용 중심의 옷 사이에 어떻게 균형점을 찾고 무엇을 극복해야 할지 쪽으로 향하고 있다. 옷은 다시 이전의 구간처럼 조금 복잡해지고 있다. 패션 민주주의라는 이름으로 누구나 이해할 수 있고 입기 쉬운 옷을 찬양하던 시절은 살짝 지나간 듯하다.

정치적 슬로건을 담은 옷은 분명 유행의 하나로 존재했다. 그 전에는 그런 옷이 폼이 나지도 않았고 어디까지나 정치에 관심 많은 사람이나 시민 단체 회원이 입는 거라 생각되었고 패션으로 소비되지 않았다. 그러다 그런 슬로건 티셔츠를 연예인도 입고 셀러브리티도 입기 시작하면서 멋지고 폼 난다고 인정이 되었기 때문에 너도나도 만들고 입었다는 걸 부정할 수는 없다.

환경이나 노동 문제 등 패션에서 소비되는 이슈들은 모두 마찬가지다. 패션은 무엇이 됐든 폼 나고 멋지게 포장해서 비싸게 팔 준비가 되어 있는 산업이다. 그런데 때마침 환경이나 노동 문제에 대한 전향적 태도가 멋지고 폼 난다고 인식되는 상황이었던 덕분에 유행과 경제적 이득 같은 부가적 효과가 딸려 오게 된 거라고 해도 크게 틀리지 않다. 그렇다고 해도 패션이 퍼뜨리는 메시지는 소비자들에게 환경이나 노동 문제를 환기하고 나아가 목소리를 내게 하는 실제적인 효과를 만들어냈으니 이런 흐름을 그저 패션의 장삿속으로 치부하기는 아쉽다. 환경이나 노동 분야에서 활동하는 이들에게도 하나의 방법을 제시했다고 볼 수 있는데, 그들이 널리 알리고자 하는 이슈를 패셔너블한 이미지 안에 넣는 게 실제로 효과가 있음이 확인되었기 때문이다. 그렇지만 패션은 또 다른 새로운 멋진 것들을 만들어 비싸게 판매하기 위해 여기서 차츰 떠나가는 중이다.

물론 패션에서 사회적, 정치적 표현이 완전히 사라진 건 아니다. 발렌시아가의 뎀나 바잘리아는 조지아 출신이다. 조지아도 러시아의 침공을 받았었고 많은 이들이 난민이 된 적 있다. 그렇기 때문에 2022년 러시아의 우크라이나 침공에 민감하게 반응했다. 2022 FW

패션쇼는 러시아의 탱크가 우크라이나로 밀고 들어가는 전쟁 뉴스가 이어지는 가운데 개최되었다. 패션쇼에서는 우크라이나어로 된 시가 낭송되었고 참석한 이들에게 우크라이나 국기 색의 티셔츠를 나눠줬다. 패션쇼는 사납게 몰아치는 눈보라를 뚫고 나가는 모델들을 보여주며 전개되었고 마지막으로 등장한 두 모델의 옷은 우크라이나 국기를 상징하는 노란색과 파란색이었다. 아동 성 착취물에는 무심한 디렉터가 고국의 고통에는 매우 민감하게 반응하는 걸 볼 수 있었다.

다른 종류의 사회적 메시지도 있다. 친환경 소재의 사용으로 지속가능한 패션에 대한 관심을 촉구하는 브랜드도 있지만, 자사의 옷 중고 매매 사이트를 오픈하거나 "이 재킷을 사지 마라"라는 다소 극단적인 슬로건을 걸고 캠페인을 전개하는 파타고니아 같은 곳도 있다. 패션 브랜드 보터는 루시미 보터와 리시 헤리브르 두 명이 이끌고 있다. 루시미 보터는 퀴라소 출신이다. 퀴라소는 카리브해에 있는데 2010년까지 네덜란드령 안틸레스에 속해 있다가 네덜란드령 안틸레스가 해체되면서 주민 동의로 자치권이 부여되어 네덜란드왕국의 구성국이 되었다. 주민 대부분은 아프리카계 흑인 노예의 자손이라고 한다. 보터는 퀴라소에서 태어났지만 암스테르담 근방에서 자랐다. 그리고 벨기에 안트베르펜의 왕립예술학교를 다니던 중에 리시 헤리브르를 만났다. 헤리브르는 도미니카공화국 출신 이민자 집안에서 태어나 암스테르담패션인스티튜트를 나왔다. 보터의 패션은 카리브해 지역 젊은 세대의 문화와 미감을 반영하기에 '캐리비언 쿠튀르'라는 별명이 붙었다. 그리고 아르테 포베라(Arte Povera)에 비유되기도 한다. 가난한 미술이라는 뜻의 아르테 포베라는 1960년대 후반 이탈리아 미술가들이 미술시장의 상업적 압력에 대항하며 일으킨 조형 운동이다. 이들은 지극히 일상적인 재료를 사용하면서 소외된 주변 문화와 빈곤한 제3세계를 대변했다.

보터의 경우 소외와 빈곤이라는 자기 정체성과 함께 환경 문제를 앞에 놓고 있다. 2023 SS 컬렉션의 주제는 바다에 과도하게 버려지는 플라스틱이다. 이에 대한 항의의 의미로 콘돔에 물을 채운 장갑, 백스테이지 냉동고에서 얼린 가방 등을 선보였다.

보터처럼 사회적 메시지를 브랜드의 정체성 중 하나로 삼고 여기서 출발해 패션의 폭을 넓혀가는 브랜드가 점점 늘고 있다. 그냥 홀로 서 있는 멋진 옷 같은 건 이제 없다. 옷만 가지고 멋지다는 소리를 듣는 경우도 줄어들고 있다. 브랜드의 태도, 옷을 입는 사람의 태도, 옷과 함께 확장된 취향, 생활 방식 등이 결합해 패션을 구성한다. 그리고 이 세세한 부분을 모두 패션으로 채울 수 있을 만큼 패션 브랜드의 세계도 함께 확장되고 있다.

패션산업의 '지속가능성'은

지속이 가능한가

ㄴ 패션이 안고 가야 할 지속가능성

패션 산업은 세상에 나쁜 영향을 미치는 주인공으로 주목받기도 한다. 그중 주요한 것이 바로 환경 문제다. 그리고 노동 문제도 많은 부분 연결되어 있다. 옷을 만드는 과정에서 오염이 발생한다. 환경 규제를 지키려면 돈이 든다. 더 적은 돈을 들이기 위해 불안정한 사회적, 정치적 처지에 놓인 인력을 찾는다. 저렴하고 쉽게 대체 가능하니까. 세상은 넓고 사각지대는 많다.

예전에는 패션 산업이 오염을 일으키는 정도가 다른 분야에 비하면 적어서 별로 관심을 끌지도 못했다. 옷 만드는 회사를 감시하는 동안 조선소, 화력발전소, 자동차 공장 등 대형 중공업 시설을 단속하는 게 환경오염의 총량을 줄이는 효과가 훨씬 좋았다. 한편으로는 옷은 주로 첨단 기술이 발전하지 못한 나라에서 만들었기 때문에 그곳의 환경이 오염되든 말든 저렴한 옷을 구입할 수 있는 걸로 세계가 그럭저럭 만족했다. 하지만 인구가 폭증하고, 경제가 안정되고, 사람들은 필요보다 더 많은 옷을 사기 시작했다.

특히 패스트패션의 등장이 전환점이 되었다. 저렴하고 다양한 옷을 너무 많이 만들고, 너무 많은 옷을 사고, 너무 많이 버리고 있다. 게다가 이 산업은 생산 공장이 전 세계 곳곳에 흩어져 있다. 법의 감시가 소홀한 소규모의 공장이 너무나도 많다. 독재 정권이 자금 확보를 위해 불법 노동을 적극적으로 장려하거나 용인하는 곳도 많다. 이런 요소들이 쌓여 의류의 생산과 소비 양측면 모두가 세계의 환경오염을 증폭시키는 원인으로 부상하게 되었다. 가난한 나라에서는 만들면서 생기는 오염이 문제고 잘사는 나라에서는 버리면서 생기는 오염이 문제다.
여러 대책이 나오고는 있다. 우선 기술을 통한 해결이다. 옷을 만드는 과정에서 오염이 발생하는 부분을 개선할 새로운 공법을 개발하는 거다. 다른 하나는 최근 가장 많이 이야기되는 지속가능한 패션이라는 개념이다. 옷의 생산부터 사용 그리고 재활용 또는 폐기에 이르는 수명 주기를 연장하는 거다. 이런 지속가능성은 오염 저감 공법과도 연결된다. 아무튼 폐기된 옷이나 재료를 재활용해 다시 옷과 재료를 만들어내는 게 핵심이다. 세상의 옷을 더 이상 늘리지 않고 지금 있는 것들만 가지고 옷 문제를 해결해가자는 방안이라 할 수 있다.
결론부터 말하자면, 패션의 환경오염 문제가 걱정이라면 모두가 지금 가지고 있는 옷을 계속 입어 구입을 최소화하는 게 가장 좋은 해결 방법이다. 이를 실현하기 위해서는 여러 전제 조건이 필요하다. 사람들이 유행에 덜 의존하도록 유행의 영향력이 줄어들어야 하고, 낡은 옷에 대한 사회적 거부감이 사라져야 하며, 타인의 옷에 대해 이러쿵저러쿵 떠드는 사람이 드물어져 겉모습으로 사람을 평가하려는 경향이 줄어들면 된다. 그러면 각자 자기 생활 방식에 맞는 적당한 품질의 옷을 구입해 오랫동안 입을 수 있을 거다. 과연 이런 세상이 올까? 확실하지 않고 혹시 온다고 해도 금방은 아닐 거다.

그리고 계속 무엇인가를 팔아야 생존과 성장이 가능한 패션 산업의 입장에서 보자면 지금 가지고 있는 옷을 계속 입자는 건 솔깃할 만한 방법이 아닐 것이다. 새 옷, 새 패션, 새 유행의 위대함이 계속되어야 한다. 그렇기 때문에 패션 브랜드들은 신소재와 신공법 쪽으로 방향을 잡고 있다. 환경친화적인 신소재를 가지고 환경친화적인 신공법으로 새 옷을 만드는 거다. 옷은 늘지만 생산 과정에서 다른 폐기물이 줄기 때문에 도움이 되긴 한다. 게다가 친환경이라는 단어는 생산자와 소비자 양쪽의 죄책감을 덜 수 있다. 그런 제품을 구매하는 소비자에겐 '그린슈머' 같은 그럴듯한 이름도 붙여줄 수 있다.

완벽하지 않은 해결책이지만 이전과 같은 방식으로 옷을 생산하는 것보다야 나으리라. 그리고 전 세계에 패션 산업으로 생계를 유지하는 수많은 사람들이 있기 때문에 연착륙을 유도하며 공존의 방법을 찾아가야 하는 것도 분명하다. 환경을 보호한답시고 당장 지나치게 강력한 통제를 실시해 단기간에 기업이 문을 닫고, 공장이 폐쇄되고, 실업자가 양산된다면 그것 또한 효과적인 방향일 수 없다. 더욱이 그로 인한 피해는 보통 약자 쪽으로 향하기 마련이다.

그렇다 보니 계획과 실현 방안에 대해 더 활발하게 논의되는 주제는 지속가능한 패션이다. 산업 폐기물이나 기존의 옷을 가지고 새 옷을 만들려면 수거하고, 재생하고, 다시 만드는 등의 일이 필요하기 때문에 여러 관련 산업이 지속될 수 있다. 생태계 같은 자원 순환 고리를 만드는 과정에는 수질 오염, 염색 염료 사용, 경작지 살충제 사용, 폐기 의류 수거, 재활용 옷감 사용 같은 문제들을 기술적으로 해결하는 방안도 포함되어 있다. 한 기업이나 한 국가가 해결할 수 있는 문제가 아니기 때문에 공동의 노력이 중요하다. 그래서 국제 회의나 행사가 꾸준히 열리고 있다. 그중 하나가 매년 5월쯤 덴마크 코펜하겐에서 개최되는 코펜하겐패션서밋인데 최근 글로벌패션서밋(GFS)으로 이름을 변경했다.

패션 기업, 비정부 단체, 학자, 언론인 등이 모여 패션의 지속가능성을 위한 방안을 함께 연구하고 실행 방침을 만든다. 패션 기업 중에는 케링, H&M, 타겟, 아디다스, 인디텍스(자라), VF 코퍼레이션(노스페이스, 반스, 이스트팩) 등이 참가하고 있다. 이렇게 많은 패션 브랜드와 리테일 체인이 참여하니만큼 논의가 실현될 가능성도 높아진다.
2018년 회의에서는 제조부터 재사용, 재활용에 이르는 순환 패션 시스템을 완성하자는 목표를 설정했고 30여 개 기업이 이에 동참하기로 했다. GFS로 이름을 바꾼 후 2022년에는 싱가포르에서 회의가 열렸다. 참여 단체는 더 늘어나 의류 제조사와 노동자, 리테일 기업, 브랜드, 비정부 단체 등 250팀이 넘었고 폴스타 같은 전기 자동차 브랜드도 참여했다. 추세로 볼 때 GFS는 앞으로 영향력을 넓혀갈 가능성이 높다.

2019년 프랑스에서 열린 G7 정상 회담에서는 주최국 대통령인 마크롱의 지시 아래 케링의 회장 프랑수아 앙리 피노를 주축으로 지속가능한 패션을 위한 '패션 협약'을 만들었다. 이 협약에는 협약을 주도한 케링의 구찌와 발렌시아가를 비롯해 샤넬, 에르메스, 프라다, 랄프 로렌 등 럭셔리 브랜드 외에도 나이키나 아디다스 등 스포츠 브랜드와 H&M, 자라 같은 패스트패션 브랜드, 그리고 매치스패션이나 노드스트롬 같은 리테일 체인까지 폭넓게 동참하면서 32개 글로벌 기업의 150여 브랜드가 파트너로 나섰다. 이들은 글로벌 패션 및 의류 시장에서 30퍼센트 정도의 규모를 차지하고 있다.

프랑스 정부의 발표에 따르면 섬유 소재 부분은 전 세계 온실가스 배출의 6퍼센트, 살충제 사용량의 20퍼센트를 차지한다. 또한 세척 및 염색 등의 공정은 산업 수질 오염의 20퍼센트 정도의 책임이 있다. 이런 현실을 타개하기 위해 이들 브랜드가 서명한 협약은 크게 세 가지로 나눠서 볼 수 있다. 2050년까지 온실가스 배출 제로 목표를 달성하기 위해 실천 계획을 만들어서 배치하고, 종 다양성 보호 등 자연 생태계 회복을 위해 노력하며, 일회용 플라스틱 사용의 점진적인 중단을 통해 바다를 보호한다는 내용이다.

이런 스케일 큰 협약과 함께 기업들도 각자 실천할 수 있는 대책을 내놓고 있다. 가장 관심의 대상이 되는 건 패스트패션 브랜드들이다. 이들은 제품 갱신 주기가 3~4개월인데 최근에는 ASOS나 부후 등 1개월 안에 제품군을 리뉴얼하는 울트라 패스트패션 브랜드들도 등장하고 있다. 그런 만큼 많은 비난과 감시의 눈길이 강해지고 있고, 패스트패션 기업들은 그에 대한 대처로 지속가능한 패션을 위한 가시적인 활동을 누구보다 활발하게 펼치고 있다.

H&M은 지속가능한 소재를 사용한 컨셔스 컬렉션을 출시한다. 이 외에 여러 가지 사회적 사업도 이어간다. 예컨대 환경에 도움이 되는 새로운 소재를 찾기 위해 글로벌 체인지 어워드를 개최한다. 2015년에 시작된 이 어워드는 거름으로 만드는 섬유, 폐기물이 생기지 않는 섬유 등 다양한 실험적인 아이디어들을 선정해 시상하고 상업적 가치가 있는 제품으로 만들어내는 걸 목표로 한다.

럭셔리 패션 브랜드 쪽도 환경 문제 해결에 나서고 있다. 대표적인 브랜드는 스텔라 매카트니다. 이 브랜드는 꽤 오래전부터 친환경적인 접근을 다른 브랜드와의 차별점으로 내세우고 있다. 옷을 만드는 데 사용하는 소재의 50퍼센트 정도가 오가닉 면, 재활용 나일론 등 지속가능한 소재다. 모피와 PVC처럼 윤리적, 환경적 문제가 있는 소재는 사용하지 않는다.

2017년에 스텔라 매카트니가 선보인 광고 캠페인이 화제가 된 적 있다. 스코틀랜드의 쓰레기 매립지에서 촬영했는데 쓰레기로 뒤덮인 거대한 매립지 광경은 의류 과소비와 환경 문제의 심각성을 일깨운다. 하지만 동시에 쓰레기 더미라는 종말적 분위기 속에서 재활용된 소재로 만든 옷을 입고 있는 젊은 모델들의 모습이 새로운 희망을 보여주기도 한다.

또 빅터앤롤프는 최근 몇 년째 재활용 소재로 만든 오트쿠튀르 컬렉션을 선보이고 있다. 최고급 패션과 친환경을 접목시키는 방식이다. 브랜드 마르니도 재활용 플라스틱을 이용한 제품이나 콜롬비아 장인들이 손으로 짠 바구니 등 친환경적인 제품을 선보였다. 프라다도 2019년에 폐기된 그물 등을 재생한 섬유인 에코닐을 가지고 만든 리나일론이라는 컬렉션을 발표했다. 목표는 프라다에서 내놓는 모든 나일론 제품을 에코닐로 대체하는 것이라고 한다. 에코닐은 분해중합 및 재중합 과정을 통해서 만든 섬유로 계속 재활용해도 품질이 떨어지지 않는 장점이 있다고 한다. 버버리, MCM, H&M 등 여러 브랜드에서 에코닐을 사용한 옷이나 가방 등을 내놓고 있다. 이런 식으로 여러 브랜드가 각자의 방식으로 지속가능한 패션의 흐름에 동참하고 있다.

아웃도어, 스포츠웨어 브랜드들도 노력 중이다. 노스페이스나 마무트, 파타고니아 같은 대형 아웃도어 브랜드들은 모든 합성 소재를 재활용 소재로 대체할 계획을 홈페이지 등을 통해 게시한다. 이 외에도 물 사용량을 줄이고, 모피를 사용하지 않고, RDS(Responsible Down Standard, 책임 다운 기준) 인증을 받은 다운을 사용하는 등 환경과 동물권 문제를 포함해 폭넓은 분야에 대한 계획을 보여주고 있다.
이 방면에서 파타고니아의 활동은 특히 유명하다. 새 옷을 사지 말고 가지고 있는 옷을 고쳐가며 오래 입자는 내용을 담은 '원 웨어'(Worn Wear) 캠페인을 『뉴욕 타임스』에 크게 실어 화제가 되기도 했다. 국내에서도 원 웨어 캠페인을 진행하며 수선 서비스를 제공한다. 또한 리사이클 소재와 오가닉 코튼 사용, 물을 절약하는 새로운 제조 공정 도입 등 다양한 노력을 기울여왔는데 최근에는 원 아웃 캠페인과 연계해 자사의 중고 옷을 수거한 다음 수선해 다시 판매하는 사이트를 론칭하기도 했다.

2019년 영국에서는 기후변화 운동 단체 멸종저항이 런던 패션위크를 취소하라고 시위를 벌인 일이 화제가 되었다. 주요 패션위크는 패션계의 상징적인 행사이기 때문에 시위의 타깃이 되기도 하지만 일단 일회성으로 치뤄지는 대규모 행사라는 점에서 비판을 받는다. 코로나 팬데믹으로 패션쇼가 중단되자 시위는 줄었지만 인터넷 등을 통해 여전히 활발히 이어지고 있으며, 코로나의 발생 원인이 본질적으로는 지구 환경 문제였다는 점 때문에 패션업계의 대처에 전반적으로 관심이 높아지기도 했다.

앞서 말했듯 지나치게 원대하고 이상적인 목표는 실현 가능성이 높지 않다. 시위를 한 단체 역시 한두 번의 시위로 런던 패션위크가 사라질 거라고 기대하진 않을 거다. 하지만 방향을 제시하고 의류 소비에 대한 주의를 환기하는 것은 중요하다. 이상적인 목표 설정만큼이나 바다 위를 떠다니는 페트병 쓰레기를 하나라도 줄이려는 현실적인 노력 또한 시급하고 중요하다.

패션은 자원을 탕진하며 인간에게 즐거움을 준다는 점에서 미식과 비슷한 부분이 있다. 하지만 음식은 먹으면 사라지지만 패션은 옷이 남는다. 게다가 이 옷이라는 건 형태를 유지하고 있는 이상 사용하는 데 별문제도 없고 수명도 꽤나 길다. 지나치게 유행을 타는 아이템이라면 시간이 흐른 뒤 입기가 어색할 수도 있지만 그렇다고 해도 옷은 옷이다. 결국 패션의 환경 문제 해결은 패션의 즐거움과 옷의 필수성 사이 균형을 어떻게 유연하게 맞춰나갈 것인가에 있다.
10여 년 전만 해도 지속가능한 패션, 환경친화적 패션 같은 이야기를 하는 곳은 환경 단체나 일부 브랜드밖에 없었다. 그런 이슈는 사회운동을 하는 일부의 몫이었고 소위 패션 피플들은 자유로운 패션 생활에 심적 부담을 느끼게 하는 이야기를 그렇게 반기지 않았다. 하지만 이제는 패션 브랜드나 연예인, 셀러브리티도 환경에 대한 이야기를 하고 그런 의식을 멋진 모습으로 인식한다. 이 주제가 얼마나 빠른 속도로 자리를 잡아가고 있는지 알 수 있다.

수동적인 소비자의 입장이라도 환경 문제를 모를 때와 알 때는 선택이 달라질 수 있다. 일단 알게 되면 환경오염을 많이 유발하는 브랜드나 기업으로 이름이 오르내리는 곳의 제품을 일부러 사진 않을 것이다. 이런 흐름을 따라가지 못하는 브랜드는 패션 시장에서 입지가 좁아질 가능성이 높다. 환경 문제는 의류의 선택 기준, 패션의 형성 방식 안으로 매우 빠르고 거대하게 들어오고 있다.

ㄴ 성공적인 불매 운동, 모피 —동물의 윤리적 사용

성공적인 불매 운동은 패션의 흐름을 바꿔놓기도 한다. 소기의 성과를 얻은 사례로 모피 반대 운동을 들 수 있다. 모피 반대 운동을 주도한 사람들은 주로 동물권 보호 활동가들과 환경운동가들인데 이들이 모피를 입고 다니지 않으니 입는 사람을 압박하는 방법을 선택했다. 자기가 아니라 남이 못 입게 하는 불매 운동이다. 이들은 모피를 사용하는 디자이너의 패션쇼장이나 모피를 입는 연예인이 등장하는 곳에 페인트를 뿌리는 등 과격한 시위 방식을 택해 사람들의 시선을 모았다. 종종 뉴스에 상의를 탈의하고 캣워크에 뛰어들어 모피 반대 구호를 외치는 모습이 나오기도 했다. 이런 시위와 함께 최근엔 SNS, 홈페이지, 오프라인 캠페인 등을 통해 모피 동물 사육과 채취에 관련된 잔혹한 현실을 계속 알렸다.

굉장히 자극적이고 과격하게 시위를 했기 때문에 이 방식에 반대하는 의견도 많았다. 하지만 모피는 매우 비싸고 고급 브랜드들에 큰 이익을 가져다준다. 때문에 '동물을 학대하면 안 됩니다' 정도로 점잖게 말한다고 고개를 끄덕이며 그 말을 따를 회사는 많지 않았을 것이다. 반대 운동을 하는 이들은 끊임없는 자극으로 사람들의 시선을 유도하고, 모피 사용에 죄책감을 느끼게 만들고, 모피 옷을 입는 것이 구시대적인 행위라는 이미지를 지속적으로 만들어냈다. 이 운동은 상당한 성공을 거뒀다. 동물권에 대한 사람들의 인식을 높였을 뿐만 아니라 구찌나 버버리, 베르사체 등 많은 하이 패션 브랜드들로부터 모피를 사용하지 않겠다는 선언을 이끌어내는 데 성공했다.
그리고 모피 문제는 합성 소재로 만든 페이크 퍼가 다양하게 생산되어 대안으로 떠오른 덕분에 해결 가능성이 높아지기도 했다. 진짜만큼 따뜻하지 않고 수명도 짧아서 모피 옷만큼 비싸게 팔지는 못하지만 다양한 모습으로 만들기가 쉽고 가격이 저렴하다. 이전 모피 제품이 대체로 비슷비슷한 모습이었다면 페이크 퍼 제품은 트렌디한 요소를 반영할 여지가 많고 젊은 세대를 새로운 고객으로 확보할 수 있다는 강점이 있다. 이렇듯 기술의 발전이 시대의 흐름과 적절하게 만나면 불매 운동은 더 큰 효과를 낸다.

최근에는 울이 환경오염을 유발한다는 이슈가 관심을 끌고 있다. 울은 인류가 정말 오랫동안 사용해온 의류 소재다. 미디어를 통해 보이는 뉴질랜드나 호주의 넓은 초목지에서 풀을 뜯어 먹는 양들의 모습은 평화롭기 그지 없지만 현실은 그렇게 간단하지 않다.
울을 생산하는 양들은 더 많은 울을 얻기 위해 개량된 품종이다. 몸 크기는 보통 양과 똑같아도 피부는 훨씬 넓어서 구불구불 주름이 져 있다. 이렇게 주름이 많으니 주름 사이에 파리가 알을 낳거나 염증이 생겨 고통받는 경우가 흔하다. 특히 엉덩이 부분에 이런 위험이 높아서 염증을 방지하기 위해 살을 도려내는 뮬징(mulesing)을 한다. 혹시 잘못 잘라내 염증이 도지기라도 하면 양은 죽고 만다. 그렇게 몇 마리가 죽어도 종합으로 보면 이익이기 때문에 이 관행이 지속된다. 이 외에도 대량 사육에 따른 환경오염 문제와 윤리적 문제 등이 꾸준히 제기되고 있다.

플리스는 울의 대안으로 나온 원단이다. 원래 플리스 제품은 등산복 전문 브랜드 같은 데서나 볼 수 있었지만 이제는 패스트패션 브랜드에서 워낙 많이 내놓아 겨울의 필수 아이템이 되었다. 유럽이나 미국의 노인들이 거실의 흔들의자에 스웨터를 입고 앉아 있는 겨울의 실내 장면은 이제 옛날 영화나 드라마에서나 볼 수 있다. 요새 미드에 등장하는 노인들은 대부분 플리스를 입고 있다.
플리스는 울 스웨터만큼 따뜻하지는 않지만 보온성이

턱없이 떨어지진 않는다. 반면 관리는 훨씬 쉽다. 물에 젖든 말든 상관없고 더러워지면 세탁기에 돌리면 된다. 양들이 받는 고통도 없다. 모피나 울에서 볼 수 있듯 거의 모든 자연 소재들이 합성 소재에서 대안을 찾고 있다. 아크릴, 폴리에스테르, 폴리아미드, 폴리우레탄 등 석유 화합물로 만든 섬유들이다. 그런데 이것도 문제가 없는 건 아니다. 미세플라스틱 발생의 큰 원인이기 때문이다.
합성섬유 옷들은 세탁을 하는 동안 미세플라스틱 조각을 쏟아낸다. 이게 어떤 영향을 미치는지 아직 정확히는 모른다고 한다. 하지만 생태계의 먼 길을 돌고 돌아 물고기 배 속에도 들어가고 사람 몸속에도 들어온다는 건 이미 밝혀졌다. 우리 모두의 몸속에 어느 정도의 미세플라스틱은 들어 있다는 이야기다. 미세플라스틱 문제만 있는 것도 아니다. 합성섬유들은 제조 과정에서 자연섬유보다 훨씬 많은 탄소를 배출한다. 면을 생산할 때보다 대략 세 배쯤 많이 나온다고 한다. 탄소 배출은 지구온난화의 주요 원인이다.

이렇게 해서 딜레마가 생겨난다. 동물을 보호하려다 보면 기상 이변의 원인에 기여하게 된다. 육상 동물의 권리를 지켜주려 노력하다 보니 해양 동물과 우리의 몸속에 미세플라스틱이 쌓인다. 이런 문제를 완전히 해결할 방법은 없다. 인간이 살면서 무엇인가 만들고 사용하면 환경은 무조건 오염되고 동식물은 고통받는다. 즉 인류가 생존하는 한 완전한 해결 방법은 없다. 문제를 가능한 최소화하고, 더 나은 대안을 모색하고, 어디쯤에서 균형을 잡을지 판단해야 한다.
결국 이 모든 건 수량의 문제다. 양의 몸이 쭈글쭈글해진 이유는 사람들이 너무나 많은 울을 사용하기 때문이다. 바닷속에 미세플라스틱이 잔뜩 흘러 들어간 이유도 사람들이 너무나 많은 옷을 만들고 사기 때문이다.
아웃도어 브랜드 노스페이스에서 2019년에 새로운 방풍 투습 소재를 출시한다고 발표한 적이 있다. 기사를 보면서 재미있었던 게 방풍, 방수, 투습 같은 기능성에 대한 설명과 함께 이 제품이 태양열 발전으로 만든 전기만 이용하는 공장에서 제조하고 재활용 원료만을 사용할 거라는 내용이 있었던 점이다.↓ 여기서 알 수 있듯 이제는 기능성과 제조 방식, 이 두 가지가 소비자를 설득하고 제품 구입을 유도하는 효과의 측면에서 비슷한 비중을 가진다. 기능만큼이나 어디서 어떻게 만들어졌는지가 중요해진 거다.
환경 보호와 동물 윤리, 인간의 편의와 패션의 즐거움 사이에는 현재 약간 기묘하면서도 불완전한 균형이 형성되어 있다. 그렇지만 환경에 어떤 영향이 있는지 아

→ Edgar Alvarez, "The North Face's high-tech Futurelight jackets are finally here," *Engadget*, 3 October 2019, https://www.engadget.com/2019-10-03-the-north-face-futurelight-jackets-flight-steep-summit-series-sustainability.html 참조.

무것도 알려주지 않으면서 제품을 내놓고, 그런 걸 전혀 모른 채 제품을 사용하던 시절과 비교하자면 조금은 앞으로 나아간 것이리라. 과거에 비하면 꽤 많은 정보가 공개된다. 문제점들이 더 많이 알려질수록 옷 생활과 패션은 더욱 크게 변화할 것이다.

맨 처음에 말한 대로 환경 문제를 심각하게 생각하고 환경이 나아지는 데 조금이라도 보탬이 되고 싶다면 재활용 플리스로 만든 옷을 사는 것보다 가지고 있는 오래된 울 스웨터를 어떻게든 계속 입을 방법을 찾는 게 훨씬 낫다. 우리는 이미 많은 옷을 가지고 있다. 하지만 그래도 새 제품을 사야 하는 순간이 왔을 때는 브랜드 홈페이지의 정보나 제품 라벨을 뒤적거리며 무엇으로 만들었는지, 누가 어디서 만들었는지, 어떻게 관리해야 하는지, 문제가 될 부분은 없는지 확인해보는 습관을 들인다면 세상에 꽤 도움이 될 수 있다. 그리고 그런 고민을 거친 옷을 입는 게 지금 이 시대의 패션이다.

ㄴ 지속가능성은 지속이 가능할까

패션은 최근 들어 근본적인 부분에서 변화를 겪고 있다. 오랫동안 패션 브랜드들은 특정한 이미지를 강요하고 그걸 따라오지 못하면 시대에 뒤떨어졌다고 느끼게 만들었다. 그래서 많은 이들이 남에게 보이는 모습에 신경을 곤두세웠고, 건강을 해치며 다이어트를 했고, 자신에게 필요하지도 않고 어울리지도 않는 제품을 최신 유행이라는 이유만으로 사 입었다.

하지만 이제는 전통적인 남성성이나 여성성 같은 편견을 드러내는 광고가 거센 비판을 받고 지나치게 마른 모델은 캣워크에 설 수 없다. 환경을 해치거나 비윤리적으로 동물을 다루면 제재와 비난을 받는다. 패션 회사들이 오랫동안 멋진 거야, 라고 말해온 많은 것들이 이제는 자랑스럽기는커녕 부끄러운 옛일이 되었다. 시대가 바뀌고 사람들의 생각도 바뀌고 있다.

지속가능한 패션도 마찬가지다. 오래된 파타고니아의 플리스, 타미힐피거가 1980년대에 내놨던 중고 점퍼, 빛바랜 청바지, 열심히 입어서 후줄근해진 티셔츠 같은 옷을 유행을 선도하던 사람들이 입고 다닌다. 이 유행은 옷의 멋짐을 넘어 이렇게 세상일에 관심을 가지고 적극적으로 참여하는 모습 자체가 멋져 보이게 되었음을 뜻한다. 또한 예전 방식의 상업적 트렌드에 더 이상 끌려다니지 않겠다는 적극적인 태도, 그리고 이런 옷이 바로 현대의 스타일리시함이라는 생각의 전환을 보여주기도 한다.

솔직히 패션의 유행과 환경친화적이라는 말은 오랫동안 별로 어울리는 조합이 아니었다. 환경친화적 패션이라고 하면 새하얀 유기농 면 옷 같은 게 떠오른다. 못생겼다고 할 순 없지만 화려하고 고급스러운 염색, 진중한 부자재, 고급 동물성 소재를 사용한 최신의 패션과는 다른 종류였다.

하지만 최근의 새로운 세대와 경향은 멋진 게 무엇인지의 정의와 기준을 바꾸고 있다. 친환경 패션을 화려하게 만들 수도 있지만 무난한 디자인을 멋지다고 생각할 수도 있다. 관습적으로, 혹은 과거의 기준으로 멋지고 예쁘게 보이는 것만을 추구하는 건 그야말로 옛날 식이다. 멋지다, 예쁘다는 말 자체의 의미가 달라지고 있다. 옷과 패션 그리고 삶은 서로 연결되어 있고 다양한 모습 중 어느 하나만 멋지다는 가치 평가는 공감을 얻을 수 없다.
예컨대 중고 옷 가게에 걸린 옷의 얼룩덜룩하고 너저분한 낡은 모습은 브랜드에서 인위적으로 탈색해서 만들 수 없다. 이전 주인의 삶과 우연이 결합되어 나온 모습이기 때문이다. 그런 옷을 아무렇지 않게 입고 다니고, 오히려 독특하다고 인정하는 게 패션 그리고 삶에 대한 세련된 태도라고 생각하는 게 지금의 경향이다.
그리고 이런 경향은 패션 트렌드에 관심이 없는 사람에게도 영감을 준다. 유행이나 로고에 지나치게 연연하지 않고 반드시 필요한 걸 필요한 만큼 입으면서 즐거운 패션 생활을 꾸려나가고 싶은 이들, 그리고 동시에 환경 문제처럼 자신이 관심을 두는 문제에 도움이 될 만한 패션 생활을 해나가고 싶어 하는 이들이 최근 분위기에 힘입어 새로운 방식을 찾아갈 수 있다.
각자가 자신의 행동과 생활 패턴에 맞는 옷을 선택하는 게 패션이다. 또 옷을 쾌적하고 효율적인 삶을 위한 도구로 여기면서 잘 관리하고 꾸준히 입으며 낡아가는 모습을 관찰하는 것 역시 패션 생활이다. 이런 방식을 유지해가는 게 바로 지속가능한 패션이다. 매장에서 옷 라벨을 뒤적거리며 재활용 소재를 사용했는지 확인하고 새 옷을 구입하는 것만 친환경적 행동이 아니다.
그러기 위해서는 애초에 오래갈 만한 옷을 구입해 잘 관리하며 입을 필요가 있다. 지나치게 섬세하고 많은 관리가 필요한 소재, 불필요한 부자재는 옷의 수명을 단축시키는 주범이다. 제대로 된 가격을 지불하는 일도 중요하다. 옷에 적절한 가격을 지불하는 행위는 패션에 드리워진 노동 문제에 도움이 될 뿐만 아니라 소비를 줄이는 방어막이 된다. 또한 무엇을 사는 게 나에게 맞는지 진지하게 고민한 끝에 제값 주고 구입한 옷은 앞으로 열심히 입으며 잘 관리해야겠다는 생각을 들게 한다.

낡은 옷을 그저 후줄근하다고 여기는 생각도 바뀔 필요가 있다. 너무하다 싶은 정도면 폐기해야겠지만 어딘가 찢어져 살짝 기운 자국, 지워지지 않는 작은 얼룩, 열심히 입다가 낡아서 닳은 티셔츠의 솔기 같은 것들은 결국 자신의 삶이 만들어낸 흔적이다. 이런 건 누구도 따라 할 수 없고 같은 옷을 가질 수도 없다. 최신의 패션이라면서 유행하는 남들과 똑같은 옷을 입고 자랑스러워하고 안심하는 생활을 이젠 그만둘 때가 됐다.
곱게 낡아가는 옷은 패스트패션 매장을 들락거리며 싸다고 이것저것 사들여 계속 새 옷만 입고 사는 것보다 가치 있는 패션 생활을 영위해왔다는 증거이다. 지금 시대에 필요한 지속가능한 패션의 가장 밑바탕은 바로 이런 생각의 전환일 수 있다.
결국 중요한 건 옷을 입는 사람들의 행동이다. 패션 회사들이 지속가능한 패션에 대해 이야기하는 게 그저 마케팅일 뿐이라고 비난하는 이들도 있다. 분명 마케팅이긴 하다. 이들은 정부나 공공단체가 아니고 이익을 내지 못하면 망하고 사라져버리기 때문에 제품을 팔아야 한다. 그렇지만 지속가능한 패션에 도움이 될 만한 것들을 유행으로 만들어서 나쁠 건 없다.
진정성 있게 환경친화적인 삶을 살아야 한다고 말하고 싶은 사람도 있겠지만 가만히 두면 다들 제 편한 대로 자원을 마구 써댈 게 분명하다. 인간의 선의, 이타적 본성 같은 걸 믿고 인류의 미래를 맡길 수는 없다. 환경보호 구호가 인류를 구해주지 않는다. 제재와 감시, 규제가 틀림없이 필요하게 될 거고 옷의 가격은 오를 거다. 결국은 환경을 생각하는 패션, 기워 입고 고쳐 입는 것이 진짜 패셔너블하고 자연스러운 모습이라는 발상의 완전한 전환을 이룩해야 한다. 이를 위한 노력에 생산자와 소비자 모두가 동참할 필요가 있다.

스트리트 패션은 정말 다양한가

ㄴ 하위문화와 다양성

스트리트 패션을 문자 그대로 해석하면 '거리의 패션'이지만 그렇다고 세상 아무 곳의 길거리 패션을 말하는 건 아니다. 범위를 좁혀보면 하위문화로서의 스트리트 패션은 1970년대에 미국에서 시작된 힙합, DJ, 그리고 더 넓게는 스케이트보드, 서핑, 그래피티나 브레이크 댄스 등을 아우르는 청년문화를 배경으로 한다.

1970년대 재정이 엉망진창이었던 미국 뉴욕의 빈곤한 지역에 살던 흑인 학생들은 제대로 운영되지도 않는 학교를 뒤로한 채 거리에서 랩을 하고 춤을 췄고, 또 다른 한편에는 반전과 반문명을 외치며 자유를 찾아 산이나 바다로 간 히피와 서퍼가 있었다. 이들은 자기들만의 문화를 형성했는데 따분하고 고압적인 주류문화에 대항한다는 공통점이 있었고 그런 공감을 바탕으로 문화적, 예술적 교류가 이뤄졌다. 초창기 스트리트 문화를 만든 건 미국 내에서 차별받는 가난한 흑인과 사회의 비주류였다. 주류 문화가 그들에게 배타적이었기 때문에 자기들만의 문화를 형성한 것이다. 그러므로 유럽과 미국의 성공한 백인이 중심이었던 주류 패션과는 인종 다양성, 문화 다양성 등을 대하는 태도가 달랐다.

이런 다양성 중시의 정신은 SNS와 인터넷을 통해 계승되고 있다. 온라인으로 세계의 수많은 사람들을 보며 비슷한 취향을 가진 사람들을 찾는 지금, 다양성은 더 눈에 띄는 사안이 되었다. 뎀나 바잘리아의 포스트 소비에트나 보터의 캐리비언 문화, 그리고 우리의 케이팝 같은 과거 비주류 지역의 대중문화가 주류 문화에 섞여 들어가며 지금의 모습을 구성하고 있다.

앞서 언급한 대로 스트리트 패션이 하이 패션에 진입해 들어가면서 패셔너블함에 대한 태도와 관점이 달라지고 새로운 용어들도 등장했는데 그중 하나가 바로 패션의 민주주의다. 이 말은 스트리트 패션이 지금의 위치를 점유하게 되면서 핵심적인 용어로 부상했다.

패션의 민주주의라는 말은 다양한 측면에서 사용된다. 예를 들어 패션이 사회적, 정치적 이슈를 이끌어내거나 특정한 몸, 특정한 인종 등을 기준으로 편향되어 있음을 비판하는 데서 출발하기도 한다. 옷에 사람을 맞추는 걸 반대하고, 각자의 몸을 긍정하고, 인종 편향성을 극복하고, 성별 다양성을 포용하는 태도를 말한다.

또 이해하기 어려운 옷이 많아졌다는 점과 관련이 있기도 하다. 하이 패션의 역사가 쌓이고 저변이 넓어지면서 표현하고자 하는 패션이 다양해졌고 기술 수준도 높아지고 상상력도 깊어졌다. 실험적인 패션, 아방가르드 패션 등이 등장하면서 평범한 의복 생활을 영위하는 사람들이 보기에는 이해하기 어려운 옷이 많아졌다. 예를 들어 꼼데가르송이나 릭 오웬스의 컬렉션을 보면 옷이 멋지다거나 예쁘다거나 하는 일반적인 판단을 하기 어려운 것들이 적지 않다.

종종 우스갯거리로 거론되기도 하는 이런 옷에는 디자이너의 예술관, 다른 옷과의 차별성, 패션의 한계 실험 등이 담겨 있다. 모험은 패션을 더 멀리 나아가게 하고 이렇게 등장한 불균형이나 독특한 레이어링 방식이 기존 스타일링에 영향을 주면서 자리를 잡기도 한다. 그런데 이해하기 어려운 옷 앞에서 소비자들 사이에 계층화가 이뤄진다. 그런 걸 받아들이는 사람과 받아들이지 못하는 사람 사이의 격차가 단지 취향의 차이일까 하는 의구심은 사라지지 않는다.

이런 특성은 하이 패션과 스트리트 패션이 서로 다른 방식으로 형성되었다는 점에서 비롯된다. 하이 패션은 디자이너가 패션을 선보이면 소비자가 받아들인다. 소비자들은 주어진 것을 받아들이는 식으로 패션을 즐긴다. 즉 위에서 아래로 흐른다. 하지만 스트리트 패션은 스케이트보드나 서핑, 힙합 등 각 하위문화의 특성과 지역에 따라 기능적인 옷, 일상적인 옷을 다양한 방식으로 입고 독특한 방식으로 패션화하는 데서 생겨났다. 주도자를 특정할 수 없이 아래에서 형성된 패션이다. 그리고 이게 위로 흘러들게 되었다.

스트리트 패션이 주도하는 최근의 하이 패션은 이 두 방향이 섞여 있다. 이제는 많은 패션쇼에서 티셔츠와 운동화, 아웃도어 재킷 같은 일상복을 볼 수 있다. 누구에게나 익숙하고 어떻게 입는지 알고 있는 옷들이다. 더 멋져 보이는 컬러 조합이나 더 스타일리시해 보이는 매칭의 기존 규칙도 무너지고 있다. 새롭게 조합하면 그게 곧 패션이 된다. 이런 선택과 조합, 그리고 평범한 옷에 새로움을 집어넣는 건 디자이너의 몫이다.
이 흐름은 높은 진입 장벽, 패션 엘리트의 세계 등 기존 하이 패션이 가지고 있는 약점을 극복하는 방법이 되기도 한다. 패션이라는 문화가 모두의 것이 되는 것 같은 분위기다. 그렇다면 하이 패션의 장벽은 사라진 걸까? 그렇지는 않다. 서구 국가들에서 한창 문제가 되고 있는 동양인 차별, 낯선 문화에 대한 반감, 전 세계적으로 거세지고 있는 자국 중심주의 등 넘어야 할 산이 아직 많다.
그리고 모두를 위한 고급 패션이란 말은 애초에 모순적이다. 매장 접근 장벽은 이전보다 낮아졌을지 몰라도 다른 장벽이 생겨난다. 접근의 장벽을 만들려는 시도는 여전히 계속되고 있는데, 가령 어디서 구했는지 모를 유명 브랜드의 옷과 신발을 신고 인스타그램에 사진을 올리는 건 현대 셀러브리티의 필수 요건처럼 보인다.
예전에 비해 더 이해하기 어려워진 부분도 있다. 평범하기 그지없어 보이는 제품에 로고가 붙고 믿기지 않는 가격에 팔린다. 이런 경우는 그 제품이 사람들에게 받아들여지는 방식, 패션의 흐름 등과 관계가 있다. 가령 어떤 게 고급 제품이고 그런 가격이 붙을 수 있다는 사실이 어딘가에서 공유되고 있다. 정가 20만 원짜리 나이키 조던 1 운동화가 수백만 원에 거래되는 것도 비슷하다.
누구나 이해할 수 있는 옷이 패션의 대상이 되었는데 럭셔리를 구별 짓는 경계는 예전보다 오히려 더 추상적이다. 어떻게 입는 옷인지는 한눈에 이해가 되니 모두가 옷과 패션 앞에 평등해졌다고 할 수 있는지 몰라도 다른 부분에서 이해하기 어려운 일이 생긴다. 그리고 새로운 하이 패션도 이 어려운 부분을 이해하는 사람들을 대상으로 한다. 내용과 대상이 바뀌었지만 새로운 장벽이 생긴 거다.

그렇다고 예전과 다를 게 없다고 보기는 어렵다. 방향이 바뀌고 선택의 폭이 넓어지는 건 디자이너들에게 자극이 될 수 있다. 어쨌든 변화에 적응해가며 사람들의 패션에 대한 생각을 주도해야 하는 건 디자이너들의 몫이다. 누가 잘하고, 누가 영 적응을 못 하는지 드러날 수밖에 없다. 변화의 시기는 브랜드를 걸러내는 필터 역할을 하게 마련이다. 지금 일어나는 하이 패션의 변화가 흥미진진할 뿐만 아니라 유심히 들여다볼 가치가 있는 이유다.

ㄴ 리세일과 순위표가 만들어내는 취향

기존 패션과 다른 스트리트 패션의 특이한 문화로 드롭과 리세일을 들 수 있다. 드롭은 비정기적으로 제품을 출시하는 걸 말한다. 패션은 기본적으로 봄여름 시즌 SS와 가을겨울 시즌 FW, 둘로 나눠 제품을 발매하고 계절이 오기 전에 출시한다. 여름 옷과 겨울 옷의 차이가 크고 백화점 등 대형 리테일 숍의 판매 일정에 맞추려다 보니 이런 방식이 굳어졌다.
패스트패션이 등장한 이후 신제품 출시 주기가 짧아지면서 패션 브랜드의 출시 일정도 당겨지고 있다. 이에 따라 SS와 FW 사이에 여름휴가를 노린 크루즈 컬렉션과 가을 시즌을 염두에 둔 프리폴 컬렉션 같은 것도 나오게 되었다.

하지만 스트리트 패션 브랜드는 기존 패션 브랜드처럼 풀 컬렉션 출시를 잘 하지 않는다. 그만큼 낼 규모가 안 되는 경우가 많고, 워크웨어나 아웃도어웨어를 내놓는 브랜드들은 스테디셀러가 많기 때문이다. 물론 규모가 커지면 정기적으로 제품을 출시하기도 한다. 그리고 협업이나 한정판 등 특별한 제품을 드롭 방식으로 내놓는다.
패션쇼 같은 걸 하지 않는 브랜드의 경우 이런 드롭 방식은 관심을 끌기 위한 좋은 방법이 된다. 특히 SNS를 하는 사람들이 많아지면서 이를 통한 드롭 예고, 티저, 출시 카운트다운 등으로 끊임없이 이목을 집중시킬 수 있다. 그렇기 때문에 요새는 스트리트 패션 브랜드뿐만 아니라 말본 같은 골프웨어 브랜드부터 프라다 같은 럭셔리 브랜드까지 수많은 브랜드들이 정규 시즌 제품 외에 드롭 방식으로 제품을 내놓고 있다.
이 제품들의 큰 특징은 희소성이다. 공산품이 가지는 대량생산의 흔적을 협업이나 한정 판매로 지우고 소량만 출시한다. 매장 앞에 줄을 서서 선착순으로 또는 추첨 등의 방식으로 소수의 사람들이 가져간다. 탈락한 사람들은 어떻게 구할 방법이 없나 수소문을 한다. 그리고 아주 뒤늦게 해당 제품에 관심을 가지게 되는 사람들도 있다. 이런 상황은 스니커즈 쪽에 흔하다. 어렸을 적 동경하던 제품을 돈이 좀 생긴 후에 찾아 나서는 경우도 있고, 연예인이나 인플루언서가 신은 걸 보고 관심이 생겨 구하려는 경우도 있다.
한편 수집이나 다른 목적을 위해 구입한 제품을 보관하던 사람들이 있다. 수집을 했지만 마음이 바뀌어서 처분할 수도 있고, 딱히 처분할 생각은 없지만 누군가 높은 가격을 부르면 판매할 수도 있다. 이렇게 해서 거래의 장이 열린다. 이베이 같은 중고 거래 플랫폼이 있긴 하지만 사기나 가짜 제품 등 여러 위험 요인이 도사리고 있다.
일본에서는 1990년대 초중반부터 후지와라 히로시, 니고, 다카하시 준 등이 '우라하라주쿠'라고 불리는 스트리트 패션을 주도했다. 이들은 아주 적은 양의 제품을 만들고 소수의 매장에서만 판매했다. 그래서 팬들은 구하기 어려운 제품을 손에 넣기 위해 '사냥'을 했다. 긴 줄이 생겼고 지방에서 온 바이어들은 이런 제품을 구해 몇 배의 프리미엄을 붙여 판매했다. 심지어 매장 바로 앞에서 되파는 사람들도 있었다고 한다. 소비자들은 가격에 신경 쓰지 않고 구매에 나섰다. 샀다가 지겨워지면 팔아버리면 되기 때문이다.↓

이런 모습은 21세기에 접어들면서 인터넷으로 옮겨졌다. 스트리트 패션의 방식이 고급 패션에서도 통용되며 주류가 되자 거래 범위는 더 넓어지고 속도는 더 빨라졌다. 그리고 여러 위험을 제거하기 위해 정품 여부 확인 서비스와 결합된 리세일 플랫폼이 생겨났다. 스니커헤드, 즉 운동화 수집광들의 문화가 이렇게 주류로 들어오면서 희소한 스니커즈를 비롯해 구하기 힘든 티셔츠, 후디 같은 제품들이 패셔너블함의 시그널로

→ W. 데이비드 막스, 『아메토라』, 박세진 옮김(워크룸, 2021), 280~281쪽 참조.

영향력을 강화할 수 있게 되었다.
원래 얼마였던 게 몇 배가 뛴 가격에 거래된다더라 같은 소문이 돌면서 패션을 사고자 하는 사람들뿐만 아니라 차익을 얻고자 하는 사람들도 몰려든다. 결과적으로 더욱 많은 사람들이 진입해 들어오고 거래량이 늘면서 스니커즈 시세는 주식 상황판처럼 실시간으로 등락을 거듭한다.
이렇게 리세일과 SNS가 영향력을 만들어낸다. 신상품이 발매되면 리세일 마켓에서는 순식간에 대중적 평가가 가시적으로 드러난다. 원하는 사람이 많으면 가격이 오르고 원하는 사람이 없으면 제값 받기도 어렵다. 같은 돈을 주고 샀는데 몇 달이 지나고 나서 자기가 산 건 할인된 가격에 풀리고, 별로인 것 같아서 지나쳤던 제품은 프리미엄까지 붙어 거래되는 걸 보면 아무래도 스스로의 취향을 의심하고 재검토하게 된다. 자기만의 세계를 만들어가는 게 패션의 기본이라고 하지만 손해를 보면서까지 추구할 필요가 있을까 싶어진다.
인터넷 커뮤니티와 SNS에 이름이 오르내리는 브랜드와 제품을 선택하는 게 나을지도 모른다. 이왕이면 사람들에게 멋지다는 이야기도 듣고 경제적으로도 이득이 되기 때문이다. 이런 생각을 하다 보면 멋짐이라는 목표를 향해 안전한 경로를 따라가려는 경향이 점차 더 커진다. 실시간 가격 동향과 사람들의 취향 파악을 위해 커뮤니티를 들락거리고 이야기를 듣다 보면 자주 접하는 게 더 멋지고 폼 나 보이게 된다.
인터넷 플랫폼의 구매 랭킹도 비슷한 방식으로 영향력을 만든다. 리세일, 중고 판매 방식이 점점 더 간단해지면서 사람들은 제품의 가격이 아니라 감가상각을 고려해 패션을 소비한다. 중고라고 해도 인기 있는 제품은 쉽게 거래가 가능하고 가격 하락률도 크지 않다. 한번 흐름을 타고 유명해진 상위 랭킹 제품은 프리미엄 시세와 SNS를 타고 점점 더 가치를 불린다. 패션 브랜드도 소비자도 이를 의식할 수밖에 없다. 이렇게 패션은 속도의 영역이 된다. SNS에 빨리 자랑하고, 팔아버린 후 다음으로 넘어가는 게 남는 장사다.
이런 식으로 눈앞에 보이는 이익과 손해 앞에서 다양성 추구는 뒷전으로 밀려난다. 하지만 이런 현상을 리세일 플랫폼 탓으로만 볼 순 없다. 패션이라는 건 내 눈뿐만 아니라 다른 사람의 눈에도 보이는 것이고 사람에 대한 선입견을 만들어내기도 한다.

선입견에 대해서는 각자 되돌아볼 필요가 있다. 누가 왜 그 옷을 입고 있는지, 거기에 어떤 사정이 있는지 우리는 알 길이 없다. 타인의 옷을 보고 가지게 되는 생각은 그저 자신의 욕망과 결핍, 태도와 경험이 결합된 상상의 산물일 뿐이다. 저 사람은 왜 옷을 저렇게 입었을까 하는 생각이 든다면, 나는 과연 어떤 이유 때문에 그런 생각이 드는 걸까를 고민해보는 게 훨씬 도움이 될 것이다.
이런저런 핑계를 대도 당장의 손해를 무시하기 쉽진 않다. 게다가 유행을 좇아, 우르르 몰려가 줄을 서며 유행의 한복판 같은 분위기를 경험하고, 남들보다 앞서는 듯한 기분을 느끼는 건 재미있는 일이다. 인생의 한 부분 정도는 그렇게 불태워보는 것도 나쁘지는 않으리라. 그러니 그렇게 뛰어드는 사람들을 붙잡을 이유도 없고 방법도 없다. 그렇지만 장기적으로는 타인의 패션에 그리고 자신을 바라보는 타인의 눈에 되도록 둔감해지는 게 이런 시장에 형성되어 있는 수요의 거품을 걷어내는 방법이 될 수 있을 거다.

게다가 스트리트웨어처럼 수명이 긴 옷을 가지고 만든 패션이 옷의 수명을 짧게 만드는 건 분명 곰곰이 생각해볼 일이다. 극한 기후에 견디는 아웃도어나 험지의 육체 노동, 격렬한 운동 등을 위해 만들어진 튼튼한 기능성 옷이 패션 브랜드 로고와 프린트를 달고 유행 위를 떠돌다가 유행이 지나면 쉽게 잊혀진다. 물론 이런 종류의 옷이 고급 패션이 갖추어야 할 여러 면모를 환기시킨다는 점에서는 의미가 있지만. 다양성을 반영하고, 모두를 위한 편안한 기능을 선보이고, 고급 패션이라는 낯선 분야에 대한 장벽을 낮추고, 대중성을 높이는 등 패션에 대한 태도의 면에서 변화를 이끌어내기 때문이다. 패션과 유행이 자원의 소모이자 낭비라는 건 변함없는 사실이지만 그렇다고 그런 게 없는 인간의 삶은 상상할 수 없다. 아직 정답이 보이진 않지만 일상복의 고급 패션화라는 시대적 흐름 속에서 지금까지 나타난 문제점을 극복해 나아가는 건 패션 디자이너와 소비자 모두에게 주어진 숙제일 듯하다.

ㄴ 새로운 미감
—패션과 패션이 아닌 것

위에서 아래로 내려오는 패션이 아니라 아래에서 위로 올라가는 패션이 가치를 인정받고 어떤 활동 자체가 패션이 되는 데는 옷을 만들어내는 이가 무슨 일을 하고 있는지가 가장 중요하게 작용한다. 애초에 스트리트 패션의 배경에는 스케이트보드를 타고 그래피티를 하는 사람들, 인디 아티스트와 뮤지션 등이 섞여 서로의 활동을 재미있어하며 느슨하게 뭉쳐 있는 비주류의 문화적 도시 생활이 있었다. 과거에 패션 브랜드가 펼치는 문화 사업이 이미지를 공고히 하기 위한 부차적인 일이었다면, 이제는 그런 활동을 하는 이들이 점차 여러 가지 폼 나 보이는 일을 시도하는 듯한데 그중 하나가 패션인 경우도 늘고 있다.

브레인 데드는 LA와 멜버른에서 각자 패션 관련 일을 하던 카일 잉과 에드 데이비스가 공통의 관심사를 확인하고 2014년 LA에서 론칭했다. 둘은 지금도 미국과

오스트레일리아 양쪽에서 각자의 일을 하고 있다. 카일 잉은 2017년에 나온 다큐멘터리 시리즈 「소셜 패브릭」을 진행했다. 청바지나 티셔츠 같은 대중적인 옷이 어디서 만들어지는지, 어떤 영향력을 만들어내는지 보여주는 다큐멘터리인데 패션 관련 방송에 관심이 있는 사람이라면 본 적이 있을 것이다.

브레인 데드는 처음에는 스트리트 패션 기반의 그래픽 티셔츠를 주로 내놨다. 두 설립자는 1980년대의 과장된 호러영화, 괴수물, 비디오게임, 보드게임 카드, 티셔츠 아트, 영화 포스터, 언더그라운드 만화, 하드코어 공연 전단지, 포스트 펑크, 중고 의류 등 많은 하위문화 및 반체제 문화의 팬이자 컬렉터였고 거기에서 레퍼런스를 가져왔다. 주류 문화의 바깥에 있고 독특해 보이는 건 일단 관심을 가지고 보는 스타일이다.

이후 "한 명이 아니고, 하나의 아이디어도 아니고, 사람들 사이에 위치한다"라는 슬로건을 발판으로 브랜드의 세계를 향해 나아가기 시작했다. 1, 2인의 디자이너 중심 체제를 버리고 디자이너·크리에이터 컬렉티브를 표방하며 세계 곳곳에 흩어져 있는 인하우스 디자이너, 아티스트와 협업을 통해 새로운 컬렉션을 만들었다.

그리고 옷만 만드는 방식도 버렸다. LA 시내의 오래된 극장에 브레인 데드 스튜디오를 차렸는데 여기서 예전 인디영화나 「백 투 더 퓨처 2」, B급 호러 「앤디 워홀의

드라큐라」, 태국 감독 아피찻퐁 위라세타쿤의 「메모리아」 같은 영화를 상영하고, 영화 상영과 연계해 패션 머천다이즈를 만들어 브레인 데드의 다른 제품과 함께 판매하기도 한다. 라이브 연주회도 개최하며 아이스 커피와 핫도그 등을 판매한다. 또한 LA 시내에 갤러리를 만들어 동료 아티스트의 전시를 열고, 이탈리아의 스트리트웨어 리테일러인 슬램 잼과 '브레인 슬램'이라는 프로레슬링 이벤트를 진행하기도 했다.
협업도 계속한다. 반스와 리복, 오클리를 비롯해 디키즈나 노스페이스 같은 브랜드뿐만 아니라 레드 핫 칠리 페퍼스, 대니 브라운, 벨 & 세바스찬 등의 뮤지션과도 협업 컬렉션을 선보였다. 흑인생명운동(M4BL) 이나 LGBTQ 단체를 위한 티셔츠를 만들고 기부를 하기도 한다. 요컨대 경계를 두지 않고 유사점과 관심점을 따라 끊임없이 나아간다.
브레인 데드는 이처럼 브랜드의 활동에 수많은 걸 얹으면서도 이미지는 통합적으로 통제하고 있다. 백여 곳의 리테일러에 입점해 있는데 예컨대 '스케이트보드 브랜드' 같은 식으로 잘못된 정보를 전달하는 경우에는 제품을 빼버린다고 한다. 어차피 1천만 달러 정도 되는 매출 중 소비자 직접판매 매출이 70퍼센트에 달하기 때문에(2021년 기준) 리테일러 거래를 줄여나갈 예정이다. 직접 판매하면서 규모를 유지하고 성장해갈 수만 있다면 그편이 브랜드를 통제하기는 훨씬 수월할 테니까.

1980년대 B급 호러영화를 연상시키는 꽤 요란한 콘셉트를 기반으로 하고 있지만 인류애와 평화로움이 은은하게 깔려 있는 브레인 데드와 다르게 MSCHF는 약간 더 시니컬하고 논쟁적이다. 그리고 패션 브랜드라고 정의하기 더 어려운 경우로 예술과 패션, 럭셔리 문화 사이를 연결하며 흐릿한 선을 만들어낸다.
MSCHF는 2016년 가브리엘 웨일리를 중심으로 시작되었고 케빈 위즈너, 루커스 벤텔 등이 크리에이티브 디렉터로 있다. 뉴욕 브루클린의 윌리엄스버그에 사무실이 있으며 크리에이티브 집단 체제로 운영된다. 예술, 음악, 그래피티, 금속공예 등의 배경을 가진 20대부터 30대 중반까지의 구성원 10~15명이 함께하고 있다.
활동의 중심은 정기적인 드롭이다. 2주에 한 번 정도씩 새로운 제품을 내놓는데 판매 종료 후에는 홈페이지의 드롭 리스트에 제목과 설명 텍스트만 남고 사라진다. SNS 계정이 있기는 하지만 전화번호 등록을 중심으로 소통한다. 전화번호를 등록해놓으면 새로운 제품 출시가 예정됐을 때 문자메시지가 온다.
매체와 형식의 본래 의도를 오용하는 식으로 접근하고 물리적 실체와 디지털을 분리하지 않는 게 MSCHF의 기본적인 방식인데, 나오는 것들은 다양하다. 점성

술에 기반해 주식 종목을 추천하는 앱, 직장에서 넷플릭스를 보다가 아닌 척할 수 있는 크롬 확장 프로그램, 블러 처리된 벽돌 형태의 지폐 다발, 시끄러운 고무 닭 장난감을 본뜬 대마초 파이프 등이 그 예다. 아마존의 제프 베이조스, 알리바바의 마윈, 마이크로소프트의 빌 게이츠 등을 아이스바로 만들어 'Eat the Rich'(부자를 먹어라) 캠페인을 열기도 했다.

하지만 이들이 지금의 명성을 얻게 된 건 스니커즈 덕분이었다. 홈페이지에는 텍스트로만 남아 있는 지난 제품들은 리세일 마켓에서 찾을 수 있기도 하다. 2019년 MSCHF는 에어에 요르단강의 성수를 넣은 예수 에어 맥스 97을 내놨다. 운동화 옆면에는 성경 마태복음 14장 25절을 의미하는 'MT. 14:25' 가 새겨져 있는데, 이 구절은 물 위를 걷는 예수를 묘사한다.

2021년에는 래퍼 릴 나스 엑스와 협업으로 같은 에어 부분에 실제 사람의 피가 한 방울 들어간 사탄 슈즈를 내놨다. 666켤레를 한정 제작했는데 피는 협업한 스트리트웨어 업체 직원의 것이라고 한다. 이 외에도 에르메스의 버킨백을 해체해 버킨스탁(Birkinstock) 슬리퍼를 만들고, 반스의 올드스쿨을 패러디해 바닥을 물결 모양으로 만든 웨이비 베이비(Wavy Baby) 슈즈를 내놓았다. 이런 일들로 나이키와 반스로부터 각각 소송을 당하기도 했다.

웨이비 베이비는 2022년 11월 뉴욕 페로탕 갤러리에서 열린 MSCHF의 전시 「노 모어 티어스, 아임 러빙 잇」(No More Tears, I'm Lovin' It)에도 등장했다. 반스의 올드스쿨뿐만 아니라 컨버스의 척테일러, 나이키의 에어 조던 1, 아디다스의 슈퍼스타 등 대중적으로 유명한 운동화에 물결치는 밑창을 붙여 한쪽 벽면에 전시했는데, 본래의 목적을 잃고 서로의 디자인을 훔치며 소비자에게는 투자 수단이 되어버린 스니커즈 문화에 윤리적 논평을 가한다는 의미를 담았다.
드롭으로 나온 최근의 패션 아이템 중에는 리한나의 펜티 뷰티와 협업한 케첩 혹은 메이크업(Ketchup or Makeup)이 있다. 패스트푸드점에서 주는 일회용 케첩 모양의 팩 여섯 개가 들어 있는데 뜯어봐야 케첩인지 립글로스인지 알 수 있다. 그리고 Made in Italy 가방도 있다. 여기서 'Italy'(이털리)는 미국 텍사스주에 있는 인구 2천 명 정도의 작은 도시로 그곳에서 제작했다고 한다. 좀 뻔해 보이는 농담이긴 한데 여기에 더해 브루클린의 피자 레스토랑 루칼리와의 협업으로 이 가방을 한정 기간 동안 메뉴에 등재해 판매했다.
스니커즈나 물리적 제품들이 리세일로 높은 가격에 거래되고 있기는 하지만 MSCHF 쪽에서 돈은 과연 어떻게 벌고 있나 궁금해질 수 있다. 2020년 기준으로 총 1150만 달러 정도의 투자를 받고 있다고 한다. 다양한 영역에서의 활동과 쌓여가는 네임 밸류 그리고 바이럴을 만들어내는 능력을 투자자들이 높이 사고 있다고 볼 수 있다.

세상에는 여전히 다양한 주변 하위문화들이 존재한다. 이전과 다른 특징이라면 인터넷이나 게임, 메타버스 등 사이버 문화와 연관이 크고 코스프레 형식을 띠는 게 많다는 점이다. 사실 Z세대 거의 대부분이 게임을 하기 때문에 게임은 그들의 사고방식과 판단 근거 등에 영향을 미칠 수밖에 없다. 그렇기 때문에 패션이나 뷰티 브랜드의 게임 관련 투자가 늘고 있기도 하다.↓ 그런가 하면 캠핑을 비롯해 부시크래프트, 탐조 같은 활동을 통해 자연으로 나아가는 이들도 많아지고 있다. 여기서는 새로운 패션 미감을 형성해가고 있는 몇 가지 하위문화를 소개해본다.

캠프코어(campcore)는 이름이 알려주듯 캠핑과 캠핑 관련 활동을 중심으로 한 패션이다. 낚시, 별 보기, 새 보기 등 목적이 분명한 경우 조금씩 더 해당 활동에 맞춰진다. 요즘 SNS나 해외 뉴스 같은 걸 보면 새를 관찰하는 탐조가 꽤 인기를 끌고 있다. 컴퓨터 모니터에서 벗어나 도심 속에서도 별 대단한 장비 없이 할 수 있는 야외 활동이라서 그렇지 않나 싶다.

→ 이와 관련해 다음의 글을 참고할 만하다. Roxanne Chevrier, "Why Fashion and Beauty Brands Should Invest in the Gaming Industry," *Digital at HEC Montréal*, 17 November 2021, https://digital.hec.ca/blog/why-fashion-and-beauty-brands-should-invest-in-the-gaming-industry/

캠프코어는 플란넬이나 울 스웨터 같은 편안한 소재의 상의에 통이 넓은 바지를 입고 하이킹 부츠, 방수 레인 재킷과 판초 등으로 가벼운 모험을 떠나는 듯 내추럴한 느낌을 내는 패션이다. 대자연 속 캠핑은 유튜브나 SNS에서도 인기가 꽤 많은데 캠퍼의 패션은 캠프코어 외에 테크니컬한 소재를 선호하는 계열도 있다. 자연에서 재료를 채취해 불도 피우고, 밥도 먹고, 잠도 자고 하는 반문명적인 부시크래프트를 즐기는 이들의 패션하고는 약간 분위기가 다르다.

크러스티(crusty 혹은 crustie)는 단어의 뜻대로 더러운 패션이다. 팬데믹 기간 동안 세탁도 하지 않고 똑같은 옷만 계속 입는 사람들이 늘어났는데 이런 걸 크러스티 패션이라고도 불렀다. 사실 더러운 패션 시리즈는 나름대로 유구한 역사가 있다. 최근 버전이라면 1990년대 영국의 사례가 있는데 크러스티 패션이라는 말도 거기서 왔다. 크러스티는 1990년대에 등장해 점차 대중화되면서 1997년 옥스퍼드 사전에 등재되었다. 정의는 다음과 같다. "젊은 홈리스 혹은 부랑자 집단으로 일반적으로 도시에서 구걸을 하고 산다. 너절한 옷, 떡 지거나 드레드락을 한 머리 등 단정하지 못한 외관을 하고 있다."↓
이런 크러스티 룩은 현대적 히피나 여행가의 라이프스

→ BBC 기사를 참조. "Extinction Rebellion: What Exactly is a Crusty?" *BBC*, 8 October 2019, https://www.bbc.com/news/newsbeat-49970717

타일과 연결된다. 즉, 정치적 이슈들을 논하고 동물의 권리와 환경 문제에 대해 이야기하는 이들과 맞닿아 있다. 사회 안에서의 삶을 거부하고 대안적 생활 방식을 선택한 이들이다. 런던 패션위크 반대 시위를 열고 여러 환경 관련 시위를 주도하는 멸종저항 같은 비폭력 시민 불복종 환경 단체가 활약하는 지금, 그런 생활 방식과 그 결과로 이어지는 패션이 하나의 현상이 되면서 크러스티도 주목을 받고 있다.

다크 아카데미아(dark academia)는 1930~40년대 옥스퍼드, 케임브리지 대학교나 아이비리그 대학생들이 입었을 법한 옷과 관련된 패션 미감이다. 카디건, 블레이저, 드레스셔츠, 플래드 스커트 등 내용과 유래로 보자면 아이비 패션↓과 겹치지만 약간 다른 식으로 풀어낸다. 고스 패션의 중세풍 어두움이나 낭만주의 같은 게 살짝 가미되었다고 보면 된다. 도나 타트의 1992년 소설 『비밀의 계절』이 이러한 패션 미감에 영감이 되었다고 한다.(↓)
다크 아카데미아를 패션으로만 소비하는 사람도 있지만 코어한 마니아들 중에는 캘리그래피나 박물관, 도서관, 커피숍 가기 등을 병행하는 경우도 많다. 롤리타 패션에서 티파티[↓]를 하는 것과 비슷한 면이 있는데,

→ 아이비 패션에 대해서는 쇼스케 이시즈 외, 『Take Ivy』, 노지양 옮김(윌북, 2011), 122~130쪽 참조.

(→) 다크 아카데미아에 대한 개괄적 사항은 위키피디아 페이지를 참조. https://en.wikipedia.org/wiki/Dark_academia

[→] 롤리타 패션의 티파티에 대해서는 박세진, 『패션 vs. 패션』

말하자면 아이비 패션에 비해 조금 더 본격적인 코스튬 중심의 코스프레 문화다. 스트리트 패션이 조금씩 지겨워진 사람들이 아이비 패션이나 프레피 패션을 다시 찾는 경향이 늘고 있는 가운데 그보다 더 나아간 영역이라 할 수도 있다.

사이버고스(Cybergoth)는 고스와 레이브, 사이버펑크가 혼합된 패션 하위문화다. 다크 아카데미아 패션에서도 볼 수 있듯 1970년대부터 형성된 고스 문화는 인터넷 세대에 상당한 영향을 미쳤다. 괴기하고 병적이고 어둡고 초자연적인 성격을 가지고 있는 이 문화는 대중문화를 통해 전승되고 매스미디어 음모론, 젊은 세대의 개인주의적 성향과 맞물리면서 여러 다른 장르 속으로 파고 들어가고 있다.
아무튼 사이버고스는 근미래적이면서 퇴폐적인 혼종의 형태를 띤다. 방사능 마크, 생물재해 마크 따위를 즐겨 쓰고 고딕 같은 검은색 베이스에 사이버펑크 같은 형광색 악센트를 결합한 룩이 많다. 비닐, PVC, 고무, 벨루어, 퍼 등 다양한 소재를 활용하는 것도 특징이다. 이런 옷을 입고 뭘 하냐 하면 클럽 같은 곳에 간다.

몇 가지를 살짝 훑어보며 알 수 있듯 과거의 하위문화와 현대의 인터넷 사회, 미래에 대한 걱정 혹은 기대가

(워크룸, 2016), 166~168쪽 참조.

섞여 새로운 하위문화가 형성되고 있다. 각자 자기가 좋아하는 방식대로 영역을 개척해 나아가고 있는 것이다. 이왕 무엇인가를 입고 다니려면 그냥 유행하는 폼나는 옷도 있겠지만 다양한 패션을 좀 더 찬찬히 둘러보고 회사나 학교 바깥의 삶을 단단하게 다져가면서 그와 일치하는 방향의 패션을 탐구해 나아가는 것 또한 재미있지 않을까 싶다.

패션의 영역 확장과

III부

새로운 정착지

K패션에 대한 이야기

ㄴ 패션의 발전판

한국의 대중문화가 세계적으로 인기가 높다. 「살인의 추억」이나 「올드보이」 같은 영화에서 본격적으로 시작된 한국 대중문화의 인기는 싸이의 〈강남스타일〉과 BTS의 케이팝이 히트를 치며 이어받았고, 이후 「오징어 게임」 같은 OTT 시리즈가 나오면서 완전히 폭발했다. 단순히 강세라는 말로는 부족할 정도다. 자연스럽게 한국의 여러 다른 문화에 대한 관심도 따라오고 있다.

국내 패션은 어떨까? K패션이라는 이름도 붙이고 있지만 아쉽게도 다른 분야에 비해 아직 갈 길이 멀다. 패션은 다른 대중문화와 함께 가는 경우가 많다. 영국의 펑크나 미국의 힙합 문화는 음악을 중심으로 특정한 라이프스타일과 패션을 동반했다. 그런 문화 영역 안에서 비비안 웨스트우드나 버질 아블로 같은 패션 디자이너도 나올 수 있었다.

국내에서는 그렇지 않았다. 케이팝은 세상에 나와 있는 수많은 패션 중에서 적절한 것을 취사선택하고 조합해 멋지고 새로운 룩을 만들어내는 데 힘을 쏟았다. 그렇기 때문에 K문화와 패션의 연결 고리는 디자이너보다 스타일리스트의 손에 달려 있었다. 다시 말해 지금의 문화를 대표할 만한 한국의 패션 디자이너는 거의 없다. 물론 이 덕분에 세계의 관객들에게 보다 글로벌한 이미지를 가지고 다가갈 수 있었던 것일지도 모른다.

그럼에도 한국의 패션은 역동적인 한국의 대중문화의 대표주자로 여겨지며 세계적인 관심을 받고 있다. K패션은, 영화, 드라마, K팝과 마찬가지로 다른 나라의 특정한 문화 장르를(생겨난 원인과 맥락에 크게 개의치 않고) 받아들여 새로운 단계로 업그레이드하는 방식을 흔히 취한다. 해외에서 이미 굳건히 자리를 잡고 있거나 이제 막 라이징하는 서브컬쳐 등 모든 트렌드를 뒤져 취사선택해 재조합하는 방식은 익숙한 것을 낯설게 보여주며 주목받는다. 과거를 조합해 새로운 패션을 만들어내는 현대 패션의 방식과도 일맥상통하다.
반면, 국내에서 성공해 해외로 나아가는 공식을 따를 때 불리한 지점도 있다. 한국은 컴퓨터, 자동화 등에 대해서는 상당히 열린 마인드로 새로운 방식을 받아들이는 데 과감한 편임에도 옷의 형태, 컬러에 대해서는 꽤 보수적인 성향이 강한 편이다. 게다가 국내 브랜드의 경우 비슷비슷한 키와 몸집을 가진 소비자를 주대상으로 하기 때문에 내놓는 제품의 사이즈의 폭이 좁은 편이다. 해외의 경우 XXXS부터 3XL, 4XL 등등에 여기에 3XB(몸통이 유난히 큰 사람을 위한 빅사이즈), 4XT(키가 유난히 큰 사람을 위한 톨사이즈) 같은 빅앤톨 사이즈를 따로 내놓고 있는데도 더 다양한 사이즈를 요구하는 경우가 드물지 않다. 다양한 사이즈를 갖추는 건 비용 상승으로 직결되고, 이런 물리적 한계는 국내 패션의 해외 진출에서 장벽이 된다. 또 고려하는 체형의 범위가 좁고 그 바깥을 예외로 취급하는 제한적 상상력, 폐쇄적 태도와도 연결될 수 있다. 스트리트웨어나 이지웨어 같은 옷이 트렌드일 때는 몰라도 옷이 조금만 더 복잡해지기 시작하면 대처가 어려워질 가능성이 높다.

그럼에도 스트리트 패션의 주류화 등으로 기존 패션 방식의 기세가 한풀 꺾이고 문화 다양성 등에 대한 관심이 늘어가는 변화의 시기는 도전자들에게 좋은 기회가 될 수 있다. 특히나 패션 디자이너를 자극할 만한 문화적 경험거리가 넘쳐 나기 때문에 패션의 미래가 여기에서 시작될 가능성이 있다. 어차피 누구에게나 미래는 짐작하기 어렵다. 이런 흐름에 발맞춰 국내 디자이너의 도전과 활약도 크게 늘어나고 있다. 여기서는 그 사례들을 몇 가지로 분류해 간략히 소개해보도록 하겠다.

해외를 기반으로 꾸준히 활동해온 디자이너들이 있다. 대표적인 인물이 우영미다. 우영미 디자이너는 1988년 서울에서 솔리드옴므를 론칭했고 2002년에 자신의 이름을 딴 브랜드로 파리에 진출했다. 2011년에는 한국인 최초로 파리의상조합의 정회원이 되기도 했다. 2018년에는 데뷔 30주년을 맞이해 서울 패션위크 명예 디자이너로 선정되어 오프닝 패션쇼를 열었다. 오랫동안 남성복을 중심으로 활동했지만 2020년에는 여성복 라인을, 2022년에는 실버 주얼리 라인을 선보이는 등 새로운 영역으로 확장을 지속하고 있다.
우영미 패션의 가장 큰 장점이라면 한국 패션 역사의 산증인이라 할 만큼 오랫동안 활동하고 있으면서도 여전히 젊은 세대와 호흡하며 트렌드를 이끌고 있다는 점이다. 그렇기 때문에 지금도 잘 팔린다. 오히려 점점 더 잘 팔리고 있다. 패션 관련 인터넷 커뮤니티 같은 곳에도 우영미의 신작 이야기가 등장한다. 브랜드 우영미는 해외에서도 인기가 높아 2021년에는 LVMH가 운영하는 파리의 봉마르셰 백화점 남성관 매출 1위를 차지했다는 뉴스가 화제가 되기도 했다.

김민주의 민주킴도 주목할 만하다. 첫 론칭은 영국이었는데, 패션 브랜드는 자기 토대를 기반으로 해야 오래간다는 정구호 디자이너의 조언을 듣고 한국으로 스튜디오를 옮겼다고 한다. 동양적 정취와 발랄한 컬러의 조화, 정교하면서도 몸매를 부각하지 않는 실루엣 등이 특징이다.
김민주가 국제적인 명성을 얻은 계기는 2020년 넷플릭스와 네타포르테가 공동으로 제작한 패션 서바이벌 쇼 「넥스트 인 패션」에서 우승을 차지하면서다. 하지만 이미 2013년 패션학과 출신을 대상으로 하는 H&M 디자인 어워드에서 대상을 수상했고, 2014년에는 LVMH 프라이즈 영 패션 디자이너 부문 후보에 이름을 올리기도 했었다. 이 외에도 드라마 「사이코지만 괜찮아」의 드레스, BTS의 세계 공연 무대 의상, 레드벨벳의 무대 의상을 제작한 바 있다.
민주킴은 을지로의 빈티지 카페 커피한약방이나 통의동 보안여관 같은 소위 힙한 장소에서 컬렉션을 선보여 화제를 모으기도 했다. 2022년 초에는 H&M의 브랜드 앤아더스토리즈와 협업 컬렉션을 출시했는데 두 시간 만에 온·오프라인 매진을 달성했다. 해외에서의 인기에 비해 국내의 대중적 인지도가 낮다는 평이 있었는데 이 문제는 거의 해결되고 있다.

ㄴ 지속가능한 패션

앞서 이야기했듯 친환경, 지속가능성은 현재 패션이 풀어야 할 가장 중대한 과제다. 국내 상황 역시 마찬가지다. 이 문제는 앞으로 신소재 개발, 옷의 제조 방식, 디자인, 착용과 관리, 폐기까지 전방위적으로 영향을 미치게 될 거다. 특히 신소재의 특성과 재활용의 관점을 디자인에 반영해 나아가다 보면 우리가 익히 아는 옷의 생김새가 상당히 바뀔 가능성도 높다. 패션 소비자로서는 더 나은 방식에 빨리 적응하는 유연성이 필요하다.

패션산업의 측면에서 지속가능성은 전 세계 누구에게나 기회가 있다는 점에서 중요하다. 모두가 미지의 미래를 향해 가는 출발선상에 있기 때문이다. 새로운 표준 방식을 누구나 내놓을 수 있다. 우리에게는 몇 가지 이점이 있는데 예를 들어 효성티앤씨, 티케이케미칼, 휴비스, 태광산업 등 친환경 신소재 개발 분야에서 좋은 성과를 내고 있는 중견 기업들이 많아서다. 이들과 패션 브랜드의 연계를 통해 나올 시너지 효과를 기대할 만하다.

강혁은 디자이너 최강혁과 손상락이 전개하는 브랜드다. 2019년 LVMH 프라이즈에서 준결승까지 올랐고 2021년과 2022년 삼성패션디자인펀드(SFDF) 수상자로 선정되기도 했다. 특히 자동차 에어백과 버려진 나일론, 폴리에스테르 등을 사용한 특별한 옷으로 주목받았다.
2017년부터 에어백의 계절적 확장성, 에어백의 주체적 확장성, 에어백의 아이템적 확장성 같은 식으로 주제를 심화해갔는데 특정 소재를 탐구하고 그 결과를 패션화하는 데 대한 열의를 느낄 수 있다. 앞으로 새로운 소재를 손에 쥐게 될 다른 디자이너들도 이들의 방식을 참고할 수 있을 듯하다. 또한 원단을 제조하는 효성과의 협업이나 리복과의 협업 시리즈를 출시하고, 에어백 외에도 다양한 소재를 사용하는 등 자신만의 패션 영역을 확장해 나아가고 있다.

코오롱인더스트리의 FnC 부문에서 운영하는 업사이클링 브랜드 래코드(Re;Code)도 있다. 2012년에 론칭했는데 계열사에서 출시한 옷 중 팔리지 않고 3년이 지나 소각장으로 보내지게 되는 재고 의류를 해체하고 재가공해 새로운 제품을 만든다. 회사 안에서 옷의 순환을 만들어내는 것이다. 소재에 한계가 있기 때문에 대부분 한정판으로 아틀리에에서 디자이너와 봉제 장인이 제작한다. 친환경 관련 국내외 행사에도 매우 활발하게 참여하며, 협업과 전시 등도 하고 있다.

비건타이거는 2015년 양윤아 디자이너가 비건 패션에 뜻을 가지고 론칭한 브랜드다. '크루얼티프리'(Cruelty Free)라는 슬로건 아래 잔혹함이 없는 비건 패션을 제안하고 모피 사용에 반대한다. 동물 유래 소재를 사용하지 않으며 비동물성 소재를 선정해 제품을 디자인한다. 국제적으로도 관심이 아주 높은 사안이다.
사실 친환경 패션이라고 하면 자연 염색이나 편안한 디자인 같은 걸 연상하기 쉬운데 비건타이거는 매우 감각적이고 트렌디한 디자인을 선보이고 있다. 또한 서울 패션위크에도 참여하면서 환경 운동에 기반을 두되 풀 컬렉션을 선보이는 브랜드로 성장해나가고 있다. 이런 이슈에 대한 사람들의 관심이 증가하면서 낫아워스, 에끌라토, 오픈플랜 등 친환경·비건 패션을 표방하는 브랜드들이 늘고 있고 더 많은 관심을 촉구하는 여러 활동을 펼치는 중이다.

ㄴ 새로운 시도

패션은 언제나 어제와 다른 내일을 꿈꾼다. 그러므로 미래는 항상 중요한 주제였다. 그리고 예술 등 다른 분야의 형식을 차용하거나 접목해 옷의 한계를 실험하고 영역을 넓혀가는 것도 패션의 주된 활동 중 하나다. SF, 컨셉추얼, 초현실주의, 미래 지향, 실험 등의 주제로 패션을 전개하고 있는 국내 디자이너의 활약도 주목을 받고 있다.

포스트 아카이브 팩션(파프)은 임동준 크리에이티브 디렉터를 중심으로 2018년부터 운영하기 시작한 브랜드다. 테크웨어를 미학적·구조적으로 재해석한 디자인 컬렉션을 주로 선보인다. 예술과 상업의 균형을 맞추기 위해 제품군을 세 라인으로 나누고 있는데 '레프트'는 보다 예술적이고 실험적이며 '라이트'는 대중적이다. 이 두 방향의 중간에 위치하는 제품은 '센터'로 분류된다.
해외 셀러브리티들이 입어서 화제가 되기도 했고 20

21년에는 LVMH 프라이즈 준결승에 진출하기도 했다. 같은 해 아라리오 갤러리에서 열린 「파이널 컷」 전시는 패션과 미술의 경계를 탐구하는 실험으로 좋은 평가를 받았다. 그리고 2022년 국립현대미술관 창동 레지던시에서 열린 「패션전시」에 참여하기도 했다. 이 전시는 예페 우겔비그가 다다 서비스와 공동 기획했는데 다다는 우겔비그가 쓴 『패션워크』의 한국어판을 출간한 바 있다.
2022년 말에는 세상을 떠난 버질 아블로와 작업하던 프로젝트를 마무리해 오프-화이트와의 협업 컬렉션을 선보였다. 또한 홍콩의 패션 및 스트리트웨어 매거진 하입비스트가 선정한 2022년 올해의 인물 100인에 — 국내 패션 브랜드로는 다다와 함께 — 이름을 올리는 등 국제적으로도 조명받고 있다.

해체주의와 미니멀리즘에 기반한 브랜드 아더에러도 큰 성과를 만들고 있다. 2014년 론칭했지만 내부 구성원에 대해 알려진 게 많지 않은데 개별 인물에 대한 생각이나 시선으로 브랜드가 평가받는 것을 원치 않기 때문이라고 한다. 패션 외에도 공간 기획이나 문화 프로젝트를 진행하고 메종키츠네, 푸마, 자라 등 여러 글로벌 브랜드와 협업 제품을 내놓는 등 다양한 활동을 하고 있다. 대중적 인기도 굉장히 높아서 리세일 거래도 활발하게 이뤄진다.

다다도 최근 활발하게 활동하며 영역을 넓히고 있는 크리에이티브 집단이다. 뮤지션 오혁을 비롯해 종근, 은욱, 다솜, 다운, 윤현 등 음악, 영상, 사진, 패션 분야를 담당하는 여섯 명의 친구로 구성되어 있다. 다다 역시 다양한 분야를 넘나들며 드롭과 협업으로 활동을 이어가고 있다.
김희천 작가와 협업해 '클래식 보디빌딩' 뉴에라 모자를 내놓기도 했고, 캐나다의 편집숍 베터 기프트 숍과 함께 캐나다의 자연과 스포츠, 여행, 문화에서 영감을 받은 캡슐 컬렉션을 출시하고 다큐멘터리를 찍었다. 또 돼지국밥으로 유명한 옥동식과 말복 기념 협업으로 모자와 티셔츠, 닭곰탕을 내놓는가 하면, 『패션워크』 같은 책을 출판하고, 다다 스튜던트 등 패션 컬렉션도 잇따라 선보이고 있다. 파프와 비교하자면 패션 브랜드로 한정하기는 더 어려운 경우인데 이런 다채로운 활동 덕분에 패션 제품이 더 많은 인기를 누리는 측면도 있다.
이 외에도 '낯설게 하기'라는 주제를 중심으로 컬렉션을 전개하는 한현민 디자이너의 뮌, 김예림과 조이슬 듀오 디자이너가 "각자의 시선으로 관찰한 세상에서 영감받아 웨어러블하면서도 신선한 디자인과 아트워크를 전개해" 나가는 오호스 등 흥미진진한 브랜드가 계속 등장하고 있다.

ㄴ 하위문화, 로컬 중심

로컬은 지역을 의미하지만 여기서는 동종의 문화, 취미 집단이라는 확장된 뜻으로 사용했다. SNS의 광대한 영향력 속에서 패션 트렌드의 힘은 더욱 강력해졌다. 하지만 동시에 지역과 취미를 중심으로 파편화가 진행되고 있다. 다양성은 모두가 각자 다른 기준과 삶의 방식을 가지고 있음을 의미한다. 다양성이 중요해졌다는 건 패션이 그간 추구해오던 통상적인 기준의 영향력이 약화되었다는 말이기도 하다.

최근 패션의 경향 중 하나는 하위문화에서 출발한다는 점이다. 힙합이나 디제잉, 서핑이나 캠핑 등 같은 취미를 공유하는 비슷한 부류의 사람들, 즉 단지 패션으로만 뭉쳐 있는 게 아닌 하위문화 집단 내에서 특유의 룩이 만들어진다. 그걸 멋지다고 여기며 새로 유입되는 사람들이 생겨난다. 이 중 영향력이 큰 문화는 패션 디자이너의 재해석을 통해 주류 패션에 편입되기도 한다.

그리고 코로나 시대를 거치면서 온라인 플랫폼이 크게 성장했다. 무신사나 29CM, W컨셉 등은 젊은 세대들이 관심을 갖는 이런 특정 문화 기반의 소규모 브랜드를 발굴하고 판매의 장을 열 수 있도록 했다. 초기 비용이 조금이라도 덜 들면 모험에 나서기 수월한 법이다. 또한 SNS를 중심으로 패션을 소비하는 세대들은 낯설지만 멋지게 보이는 모습을 특별하다고 받아들이고 자기만 아는 브랜드를 찾아 나서기도 한다.
예를 들어 서퍼들끼리 모임을 하고 커뮤니티 활동을 하다 보면 그 안에서 취향이 형성된다. 남이 입은 게 좋아 보이면 찾아보게 된다. 등산이나 캠핑을 즐기는 사람들이 모여 있어도 비슷한 일이 생긴다. 이렇게 형성된 기준이 일반적인 기준과 같을 이유는 없다. 각 집단의 활동 영역과 취향이 그 중심에 서기 때문이다. 이런 식으로 서핑, 캠핑, 러닝, 음악, 잡화점, 빈티지 숍 등의 구심점을 따라 자기들만의 옷을 내놓는 로컬 매장이 서울, 부산, 양양, 제주 등 곳곳에 생겨나고 있다.

발란사는 부산에서 빈티지 제품과 음악 관련 제품을 파는 편집숍으로 시작한 브랜드다. 눈에 띄는 로고와 프린트 티셔츠로 주목을 받으면서 발란사 서울도 오픈하고 다양한 분야와 협업 컬렉션을 출시하고 있다. 사진, 음악, 패션, 디자인 등 여러 분야에서 활동하는 아티스트의 플랫폼을 표방하는 다다 서비스도 주목할 만하다. 전시, 작품, 책 등 유무형의 작업물을 선보이고 그 과정을 통해 굿즈 형태의 컬렉션을 출시하는 식으로 패션과 예술, 문화 전반을 아우르는 활동을 하고 있다.
음악 기반의 콤팩트 레코드 바, 모터바이크와 캠핑 분야의 백야드빌더, 2022년쯤 한창 인기가 높아진 테니스를 중심으로 한 테니스 보이 클럽이나 에프터 테니스, 서핑 기반의 배러댄서프 등 이런 브랜드는 계속 늘어나고 있다. 특별한 취미나 스포츠와 꼭 관련이 없어도 자기만의 패션 미감을 형성해가며 소비자를 끌어모으는 브랜드 또한 많아지고 있다.
이런 브랜드들은 아직은 티셔츠나 모자에 자체 로고나 상징적인 그림 같은 걸 넣어 소량 생산한 한정판 제품이 위주이기 때문에 일반적인 의미의 패션 브랜드라고 하긴 어려울 수 있다. 그렇지만 다른 곳에서 찾을 수 없다는 희소성과 자기만의 관심 영역을 드러내는 개성의 측면에서 보면 분명히 패션이다. 앞으로 성장해가면서 차츰 더 복잡하게 생긴 옷을 내놓게 될 거다. 코로나 시기의 특수성이 이런 브랜드들에 많은 도움이 되었던 것도 분명하다. 오프라인 진출이 활발해지면 명암이 갈리게 될 가능성이 크다.

스투시는 미국 서부 해안의 서핑 가게였고, 파타고니아는 창업자가 동료 클라이머들에게 클라이밍 도구와 티셔츠를 만들어 팔면서 시작했다는 사실을 기억할 필요가 있다. 그렇게 시작해 주변 문화를 형성하고 그 문화를 중심으로 성장했다. 특히 최근의 패션은 그저 옷만 만드는 게 아니라 단단한 문화적 기반을 필수 요소로 가지고 있어야 한다. 그러므로 이런 브랜드들이 늘어나는 건 패션뿐만 아니라 취향의 확대 측면에서도 아주 중요한 일이다.

이런 몇 가지 분류 외에도 점점 다양한 패션 브랜드가 늘어나고 있다. 성 다양성이나 문화 다양성뿐만 아니라 지금까지 패션의 주류에서 소외되었던 사람들이 등장하면서 다양성을 확대하고 있다. 예를 들어 몸집이 큰 모델이나 나이가 든 중년의 모델을 대상으로 하는 패션이 늘고 있고 장애인을 위한 패션 브랜드도 등장했다.

어댑티브 패션은 착용 시에 넓은 범위의 동작이 어려운 신체 장애인을 위한 의류를 말한다. 혼자 입고 벗을 수 있도록 각 부분의 디테일을 조정하고, 신축성 있는 원단을 사용하고, 단추 대신 벨크로 여밈을 적용하는 등 편의성을 우선시한다. 입고 다닐 때 불편하지 않아야 하는 것도 최우선 고려 사항이다.

국내에서는 삼성물산이 2019년부터 하티스트라는 브랜드를 론칭해 운영하고 있다. 브랜드 설명을 보면, 하티스트는 "모든 가능성을 위한 패션"을 콘셉트로 재활의학과 전문의, 장애인먼저실천운동본부 등과 협업 연구를 통해 탄생한 휠체어 장애인을 위한 전문 브랜드다. 이베이코리아는 의류 브랜드 팬코와 협업해 지체장애인 전용 브랜드 모카썸위드를 론칭했다. 뇌병변·발달 장애인 전문 의류를 만드는 베터베이직도 있다.

이런 패션은 무한할 정도로 다양해지고 있는 패션 세계에서 소외되어 있던 여러 사람들에게 선택의 폭과 함께 취향을 넓혀줄 수 있다. 소외된 이들을 찾아내고, 연구를 통해 그들에게 맞는 옷을 만들고, 그런 브랜드가 늘어나 다양한 선택지를 제공하고, 패션의 즐거움을 모두가 누릴 수 있도록 영역을 넓혀가는 건 패션이 관심을 기울이고 나아가야 할 방향 중 하나다.

유행이라는 거대한 덫이 있고 한국이 유행을 유난히 의식하는 나라인 건 분명하지만 그럼에도 이 덫을 피해 가려는 사람들이 점차 늘어나고 있다. 가장 인기 좋다는 방송 프로그램의 시청률도 예전에 비해 훨씬 낮아졌듯 이제 세상에는 다양한 채널이 존재하고 삶의 방식도 더 다양해진다. 영화나 음악을 세계 무대에서 성공시킨 K문화의 흡입력, 유연성, 비배타성 등을 생각하면 패션이 유니크한 다양성을 제시할 미래가 기다려진다.
여기서는 소수의 브랜드밖에 소개하지 못했지만 지금 이 순간에도 작은 규모의 컬렉션이라도 만들어 패션 시장에 진출하는 젊은 브랜드들이 넘쳐 난다. 그리고 자신의 취향과 개성을 반영하고 형성해줄 특별한 브랜드를 뒤지며 찾아가는 사람들도 늘고 있다. 이런 게 패션을 풍성하게 만드는 가장 중요한 움직임이다. 매일처럼 등장하는 신생 패션 브랜드들을 보면 K패션이 새로운 단계로 접어들고 있다고 해도 과언이 아니다.

자기 몸을 긍정한다

ㄴ 자기 몸 긍정주의

다이어트는 살을 빼는 일이다. 왜 살을 빼느냐 하면 살이 찐 것보다 마른 모습이 더 멋지다고 생각하기 때문이다. 또 건강 문제도 있다. 현대인이 겪는 문제 중 하나가 섭취하는 열량은 높아졌는데 운동은 하지 않으니 여러 병이 생긴다는 점이다. 운동을 많이 하면 몸이 날씬해질 거다. 이런 식의 생각은 뚱뚱한 사람은 게을러서 그렇다는 편견을 만든다.

그러나, 우리 모두 잘 알고 있듯 사람은 모두 다르다. 생김새뿐만 아니라 키, 몸집, 건강 상태도 다르다. 또한 표준과는 다르지만 좋은 상태의 몸이나 각자 선호하는 체형이 있을 수 있다. 유전 혹은 병 때문에 표준에 비해 너무 말랐거나 너무 살쪘거나 할 수도 있다. 중요하게 생각하는 게 뭔지도 사람마다 다르다. 다이어트에 많은 시간을 투자하는 사람도 있겠지만 몸 상태는 적당히, 병 안 걸릴 정도로만 유지하면서 다른 일에 시간을 더 쏟고 싶은 사람도 있다.

물론 의학적 지표의 중요성을 무시할 수는 없다. 그러나 속사정은 본인이 아니면 모른다. 그 사람이 어떤 사정이 있어서 지금의 모습인지 남들은 알 수 없고 일일이 설명할 필요도 없다. 그렇기 때문에 몸의 모습 같은 게 어떤 판단의 근거가 되어서는 안 된다.
그렇지만 패션은 특정한 기준에 맞춰 이미지를 만들고 광고를 제작한다. 하나같이 멋지고 폼 나고 웅장하고 강렬하다. 사람들이 이런 모습을 계속 마주치다 보면 익숙해지고, 그러면서 기준이 점점 더 견고해진다. 패션의 생산자와 소비자가 서로 주고받으며 이미지를 강화하는 거다. 이것들은 어느새 마음속 깊이 자리를 잡고 사람들을 구속하게 된다. 즉 몸집이 좀 있는 사람을 보면 살쪘다, 살 안 빼고 뭐 하나, 게으르다 등등의 생각을 하게 된다. 이건 연예인이나 주변 사람뿐만 아니라 자기 자신으로도 향한다.

자신의 몸을 긍정하자는 이야기는 꽤 오래 전부터 있어 왔지만 최근 들어 크게 늘었다. 눈에 보이는 모습만으로 알 수 있는 게 없다는 점을 분명하게 인정해야 한다. 자기가 만족하는 옷이 멋지고 좋은 옷이지 남의 눈을 만족시키는 옷이 멋지고 좋은 게 아니다. 결국 자기만족의 패션이 점점 더 중요성을 인정받고 있다. 자기 몸 긍정주의를 단지 패션의 유행으로 치부하기에는 큰 의미를 담고 있다.

몇 년 전 여러 고급 속옷 브랜드의 행보가 사람들의 관심을 끈 적이 있다. 고급 속옷 쪽에도 빅토리아 시크릿을 비롯해 샹텔과 르 샤, 아장 프로보카퇴르, 라펠라 등 많은 브랜드가 활약하고 있다. 속옷은 남에게 보일 일이 많지 않고 기본적으로 자기만 알 수 있기 때문에 겉옷에 비해 사회적 편견에서 자유로운 편이다. 그러므로 훨씬 과격한 표현 방식을 선택하고 관련된 하위문화의 요소를 적극적으로 흡수할 수 있다. 남이 뭐라 하든 자기 마음에 드는 걸 입을 수 있는 대표적인 분야다. 디자이너들도 이런 기대를 포착해 실험적인 시도를 많이 했다.
그렇지만 과감한 속옷 디자인에 사람들이 관심을 가진다는 건 착장을 둘러싼 기존의 사회적 규범에 대한 불만이 상당히 높고 원하는 대로 할 수 없다는 의미이기도 하다. 애초에 겉옷을 자기 마음대로 입을 수 있는 사회라면 취향을 굳이 옷 안에 감출 이유가 없다.
이런 배경으로 인기를 모은 브랜드 중 하나가 빅토리아 시크릿이다. 빅토리아 시크릿은 미국 브랜드로 화려하고 과감한 속옷으로 뜨거운 관심을 받았다. 또 매년 개최하는 빅토리아 시크릿 패션쇼는 유료 텔레비전 방송으로 중계되면서 많은 시청자를 확보하는 등 큰 인기를 끌었다. 해마다 바뀌는 쇼의 주제와 특징, 유명한 모델이나 연예인 등 참가자에 대한 이야기는 패션 뉴스에서 비중 있게 다뤄졌다.
빅토리아 시크릿은 이런 화려한 속옷을 입는 게 자기 만족을 주고 그게 현대 사회에서 자아를 실현하는 방법이라는 식으로 광고를 했다. 앞서 말한 속옷 브랜드의 행보가 사람들의 관심을 끈 이유를 꽤 정확하게 파악했다고 볼 수 있다.
체형을 잡아주거나 여러 장식이 있는 란제리는 몸을 구속하기에 남성 중심 사회에서 여성의 몸을 억압하는 대표적인 상징으로 여겨졌다. 여성운동은 초창기부터 코르셋, 브래지어 등 여성의 신체를 구속하는 란제리를 벗어 던지는 시위를 벌여왔는데, 빅토리아 시크릿은 이런 인식에 반전을 시도했다. 열심히 일해서 번 돈으로 지루하고 단순한 속옷을 버리고 이 화려한 속옷을 입어라, 이 불편한 옷을 통해 여성이 반드시 지녀야 하는 섹시함을 가질 수 있다, 이것은 일종의 자아실현이다, 라는 이야기를 만든 거다.
처음에는 호응이 있었고 이 방향으로 변화가 진행될 거라 생각하는 사람도 있었다. 하지만 기류는 바뀌기 시작했다. 인종 다양성, 성적 지향, 자기 몸 긍정주의, 건강 등의 이슈가 부각되면서 패션은 타인의 시선에서 자신의 만족 중심으로 본격적으로 옮겨 갔다.

겉으로 보이는 옷을 둘러싼 사회적 규범에 대한 불만이 표면화되고 개선과 변화가 일어나기 시작하면 '속옷으로 혼자 즐겁고 말지' 같은 시도는 의미가 약해진다. 그리고 란제리의 자리는 '여성의 몸은 이렇게 생겨야 한다'라는 과거의 인식에 따라 몸을 속박하는 구시대의 유물로 돌아갔다. 빅토리아 시크릿은 불편하고 거추장스러운 옷으로 자유라는 판타지를 만들어내고 있었으니 새로운 변화에 맞춰갈 필요가 있었다. 하지만 이 브랜드는 기존의 방식을 고집했고 점차 사람들의 관심에서 멀어졌다.

더 구체적으로, 사람들의 반감에 불을 지핀 건 변화에 대한 브랜드의 태도였다. 회사의 최고마케팅경영자는 한 패션지와의 인터뷰에서 패션쇼는 판타지를 전달하기 위함이며 트렌스젠더나 플러스사이즈 모델을 기용할 생각은 없다고 말했다. 이런 모델은 자기 브랜드의 판타지에 속하지 않기 때문이다. 그리고 출시 제품의 사이즈 범위를 확대할 계획도 없다고 밝혔다. 즉 인종, 성별, 신체의 다양성에 대해 반응하지 않겠다는 입장을 표명한 것이다. 곧 큰 반발이 일었고 결국 사과문까지 발표했다.

굳이 이런 인터뷰까지 확인하지 않더라도 빅토리아 시크릿이 변화를 따라가지 못해서 어떤 타격을 입고 있는지는 이미 감지되고 있었다. 2013년에 1천만 명에 가까웠던 빅토리아 시크릿 쇼의 18~49세 시청자 수는 매년 감소하더니 2018년에는 330만 명에 머물렀다. 5년 사이에 삼분의 일로 줄어든 거다. 미국 10대들이 선호하는 브랜드 10에 몇 년간 올라 있었지만 이 리스트에서도 이름이 빠졌다.

이와는 반대로 변화의 상황을 최대한 활용해 이익을 누리는 곳도 있다. 팝 가수 리한나는 새비지X펜티라는 속옷 브랜드를 론칭했다. 새비지X펜티는 과감한 디자인에 플러스사이즈 모델, 여러 인종 모델의 기용 등으로 빅토리아 시크릿 같은 브랜드의 실수들을 콕콕 집어서 부각하는 광고 캠페인을 내보냈다.
또 에어리라는 미국 브랜드도 있다. 캐주얼 브랜드 아메리칸 이글의 자회사다. 여기서도 편안함과 실용성을 전면에 내세운 속옷을 내놨다. 화려하고 불편함을 감수해야 하는 옷이 멋진 게 아니고 편안함과 자기만족 그 자체가 패션이라고 홍보했다. 빠르게 호응을 얻으면서 브랜드의 매출도 매년 크게 올랐고 특히 젊은 세대에게 좋은 이미지로 다가갔다. 그 덕분에 아메리칸 이글도 이미지가 좋아져 미국의 10대들이 선호하는 브랜드 2위에 오르기도 했다.
물론 빅토리아 시크릿풍의 번쩍거리는 속옷에 여전히 열광하는 사람도 있을 수 있다. 사람들의 취향은 다양하고 세상에는 그런 옷을 입고자 하는 사람도 있다. 다만 이제 어떤 브랜드든 어떤 종류의 옷이든 배타와 배제가 마케팅 전략이어서는 안 된다는 거다.
빅토리아 시크릿은 결국 2019년 말 23년간 이어온 패션쇼의 중단을 발표했다. 그리고 2020년 파산 이후 다른 회사로 소유권이 넘어갔다. 최근의 빅토리아 시크릿 인스타그램 공식 계정을 보면 다양한 인종과 체형을 볼 수 있고 이전과는 전혀 다른 분위기의 속옷 브랜드가 되었다. 이렇듯 세상과 패션은 영향을 주고받으며 상호작용 속에서 서로의 변화를 증폭시킨다.

ㄴ 패션이 재생산하는 이미지

큰 키, 적은 몸무게, 흰 피부의 여성은 오래도록 동경의 대상이었다. 여성은 이런 모습이 되고 싶어하고 남성은 찬사를 보낸다. 이 찬사가 여성의 권리 획득으로 여겨졌다. 이런 인식은 미국에서 소비문화가 급격하게 발전하던 1900년대 초 계급주의와 인종차별주의를 기반으로 처음 등장했다고 한다. 곧 미국 문화가 세계로 퍼지면서 각 문화권에서 비슷한 기준이 만들어졌다. 누구에게나 열망의 대상이 동일한 모습으로 제시되었고 소비를 통해 도달할 수 있다는 환상이 퍼져나갔다. 고정된 이미지는 특히 광고나 영화를 비롯해 소설, 드라마, 사진 등 대중문화를 통해 기준을 설명하지 않아도 세세하고 빠르게 사회 깊숙이 전파된다. 가령 영화 속 배우의 겉모습만 봐도 어떤 역할을 맡았는지 알아챌 수 있을 정도다.

고대 이집트에서도 흰 피부는 일을 하지 않는 고귀한 신분의 여성이나 가질 수 있어 동경의 대상이었다고 하니, 역사적으로 거개의 사회에 남성은 이래야 하고 여성은 저래야 한다는 기준이 있어 왔던 것은 사실이다. 남성과 여성이라는 고정관념을 만들어 유지하는 것이 그렇지 않았을 때보다 더 적은 비용으로 기존의 체제를 유지하며 남성 중심의 문화와 번식을 지탱하는 방법이었을 것이다. 근현대를 거치며 수정되고 있기는 하나, 성별 고정관념을 내면화하고 열망해 소비를 추구하도록 부추기는 산업의 마케팅 방식은 여전하다.

물론 20세기 이전에 비해 성별, 인종, 피부색, 외모 등을 고정화해 차별하거나 혐오해서는 안 된다는 것이 상식이 되었으나, 이 상식에서 패션과 사회 사이에 괴리가 발생한다. 여전히 키 크고 날씬하고 다리 길고 얼굴 작은 외모에 맞춰 주류 패션이 만들어지고 많은 이들이 그 기준을 따르고 싶어 한다. 외모로 차별을 하면 안 된다고 말하면서도 옷을 입었을 때 다리가 길어 보이고 허리가 잘록해 보이고 싶어한다. 패션의 완성은 얼굴이나 몸이라며 떠들며 신체의 단점을 감추는 코디법은 여전히 화제를 일으킨다. 신체의 단점이라는 말이 이미 타고난 그대로를 인정하고 있지 않다는 의미다.

패션은 고정관념을 만들고, 구체화하고, 유지하는 데 강력한 역할을 수행해왔다. 특히 남성복과 여성복의 분리가 그렇다. 대표적으로 남자 아이에게는 파란 옷, 여자 아이에게는 핑크 옷을 입히는 관습을 통해 자신이 남자인지 여자인지 인지조차 못한 상태에서 옷으로 성별이 나뉘고 사회적 대응이 달라진다. 이렇게 나뉜 옷에 따라 남성과 여성의 사회적 성역할이 은연 중에 주입되고 몸과 마음에 배어는다. 나이가 더 들면 남성복과 여성복은 확연하게 다른 모습으로 갈라진다. 신체의 차이가 존재하긴 하지만 굳이 다를 필요가 없는 부분에까지 이 분리가 영향력을 발휘한다. 패션은 사회가 요구하는 모습을 더 멋지게, 더 압도적으로 보여주고 사람들은 자연스럽게 받아들인다. 광고와 이미지의 힘은 매우 강력해서 저렇게 입어야만 멋있어 보일 것 같고 저렇게 입지 않으면 세상 흐름에 뒤처지는 것처럼 느끼도록 분위기를 조장한다. 이런 과장된 분위기는 남성복, 여성복 분리 속에서 성역할의 재생산을 가속화하고 증폭시킨다.

문제의 핵심 중 하나를 남성복과 여성복의 분리라고 한다면 이를 위한 여러 대안이 있다. 우선 남성복 방향으로의 통합이다. 대표적으로 여성이 입는 남성 슈트가 있을 텐데 1980년대에 유행했던 아르마니의 여성용 시티 슈트 같은 옷이 그 예다. 아르마니는 약간 재미있는 게 여성용 옷에는 넓은 어깨와 긴 라펠 등으로 남성성을 집어넣고 남성복에는 헐렁한 핏에 부드럽고 여유 있는 스타일로 여성성을 가미하면서 양방향으로 희석을 시도했다.

1920년대에 샤넬은 '가르손느 룩'이라는 소년 같은 스타일을 추구했는데 사춘기 이전의 체형을 재현하려 했다는 점에서 성별 분리의 해소와는 방향이 약간 다르다.↓ 케이팝에서도 남성 슈트를 입는 여성 아티스트를 자주 볼 수 있는데 이 경우도 통합의 방향을 향하기보다는 기존의 남성성 짙은 슈트 이미지를 활용해 관능의 대안으로서의 여성성을 다시 이미지화하는 방식이 많다. 물론 이런 식으로 여러 가지 모습에 눈이 익숙해지면 기존과 다른 옷차림에 대한 반감이 옅어지는 효과는 있다.

좀 더 중성적인 방식도 있다. 캐주얼웨어를 비롯해 스포츠웨어나 워크웨어 등은 기능에 목적을 두기 때문에 옷이라기보다는 도구라 할 수 있다. 최근 아웃도어 룩이나 스포츠 룩이 하이 패션에서 대규모로 소비된 건 이런 옷들이 성별 분리의 문제점을 극복할 가장 가까운 대안이기 때문이다. 사람들에게 익숙한 옷이라 저항도 적다.

이 외에도 셰프복, 가드너복, 실험실 엔지니어복이나 열차역 근무복, 낚시복과 헌팅웨어 등 많은 이전의 작업복들이 복각이나 현대화를 거쳐 나오고 있고 이런 옷을 적극적으로 입으면서 중성적 룩을 실현하는 이들도 있다. 물론 허리선을 넣거나, 몸을 부각하기 위해 옷을 얇게 만드는 시도를 하면서 '여성 특화' 같은 수식어를 붙이는 브랜드들도 여전히 있다.

→ 밸러리 멘데스, 에이미 드 라 헤이, 『20세기 패션』, 김정은 옮김(시공아트, 2003), 61쪽.

그렇지만 이에 대한 반발도 늘고 있다. 같은 형식의 남성복, 여성복을 내놓는 스포츠웨어나 패스트패션 브랜드에서는 가격을 동일하게 맞추기 위해 여성복 쪽에 몸에 맞는 라인 등의 디테일을 넣는 대신 봉제나 안감 등에서 원가 절감을 꾀하는 경우가 많다. 아니면 아예 여성복 쪽이 비싸기도 하다. 랄프 로렌의 데님 셔츠는 2023년 기준 남성용이 189,000원, 여성용은 219,000원의 가격이 붙어 있다. 남성용은 소위 통허리 핏이고, 여성용은 허리 라인이 보이는 정도의 차이가 있다. 그 결과 굳이 여성스러운 디테일을 원하지 않아도 여성들은 같은 가격을 내고 품질은 떨어지거나 더 비싼 가격으로 제품을 사게 된다. 그렇기 때문에 차라리 남성복의 작은 사이즈를 찾는 이들도 많아졌다. 쇼핑몰의 상품 페이지에서도 여성인데 남성 작은 사이즈를 샀고 핏이 어떠하니 참고하라는 등의 후기가 점점 더 많아진다. 이런 경향에 맞춰 더 작은 남성용 사이즈를 내놓기도 하니 서로 대응을 하고 있다고 볼 수도 있다.

그리고 여성복 방향으로의 통합이 있다. 남성복에 비해 여성복이 더 다양하고 하부 장르가 많아서 제품군도 다양하다. 기존 패션 디자이너들의 입장에서 이 방식은 판매할 수 있는 제품의 수를 줄이지 않으면서 오히려 시장은 확대할 수 있기 때문에 매력적이다. 알레산드로 미켈레의 구찌는 2017년부터 남녀 패션쇼를 통합했는데 전반적으로 글리터, 글램, 페티시 분위기에 레이스, 리본, 스카프, 다양한 컬러 등을 활용해 기존 여성복에 변형을 줘가면서 남성에게 입힐 옷을 다양하게 제시했다. 최근 패션 브랜드들이 고급 소형 핸드백을 남성들이 들고 다니게 하려는 시도를 많이 했는데 꽤 성공적으로 보인다.

서로 다른 각자의 삶의 방식을 존중하고 남한테 전혀 상관하지 않는 태도는 쉽게 도달할 수 있는 목표는 아니다. 낯선 모습을 보면 일단 적대감을 표출하는 사람들이 여전히 흔하다. 2018년에 여성 아나운서가 안경을 쓰고 뉴스를 진행해서 화제가 된 적이 있다. 눈이 나쁘면 당연히 안경을 쓴다. 그럼에도 뉴스 진행자처럼 권위가 필요한 자리에서 여성은 대개 안경을 쓰지 않았다. 여전히 구시대적 비판과 반감이 존재하지만 그렇다 하더라도, 이런 개개인의 도전과 시도가 나아가기 어려운 한 칸을 내딛는 원동력이 되어주고 있다.

중요한 건 남이 뭘 입든 상관하지 않는 태도다. 이것은 패션의 근본적인 정의이기도 하다. 자기와 다른 사람이 주변에 있다고 해서 경계하거나 무서워할 필요가 없고 배척할 이유도 없다. 자신의 개성을 형성하는 건 남의 개성을 존중하는 태도에서 시작된다. 이렇게 본다면 다양성에 대한 많은 이들의 요구를 의식하고 반영하기 시작한 패션은 이제야 정말로 시작이라고 할 수 있을지도 모른다.

패션이 찾아가는 변화의 돌파구

ㄴ 당겨진 미래

코로나 바이러스가 세계를 덮치면서 패션위크가 중단되는 등 많은 것들이 멈추기도 했지만 인터넷을 통한 이미지 전파, 온라인 쇼핑 등 비대면 도구 사용이 급격하게 활성화되기도 했다. 큰 변화는 미래를 앞당기는 기회가 되기도 한다. 2022년부터 3년여의 격리가 조금씩 풀리고 세계의 거의 모든 패션위크가 다시 열리고 있다. 서울 패션위크도 오랜만에 오프라인 패션쇼가 개최되었다. 그렇다고 사용법을 익힌 새 도구가 버려질 리는 없다. 코로나 시대에 갖춰진 기반은 팬데믹 이후로도 여전히 패션에서 활용될 가능성이 크다.

패션위크는 사실, 이게 최선의 방식인가 하는 의문이 든다. 이 거대한 행사는 환경적인 측면에서도 문제가 있다. 예전에는 대형 리테일러들이 가서 제품을 확인하고 주문하기 위한 자리였지만 요새는 전 세계에 동시 중계가 되는 만큼 볼거리로서의 역할이 더 커졌다. 찾으려고 하지 않아서 그렇지 다른 더 효과적인 방법이 많이 있을 거다.

모델들이 캣워크를 줄줄이 걷는 형식도 그렇다. 다른 형식도 생각해볼 수 있을 텐데 패션쇼라는 굳어진 틀을 굳이 바꾸려고 하지 않는다. 물론 그 한계를 극복하기 위해 카탈로그나 룩북, 광고 캠페인 등 여러 방법이 동시에 동원되기는 한다. 의구심은 들지만 대형 행사는 쉽게 변하지 않는다. 이해관계자도 너무 많다. 주최측이 멋대로 바꿨다가 반응이 좋지 않으면 복구하기 쉽지 않다. 그런 상황에서 찾아온 코로나는 새로운 길을 모색할 동기가 되었다.

코로나로 모든 게 중단된 시기에 패션은 자신을 알릴 다른 방법을 찾아야 했다. 비대면에 익숙해지고 있는 소비자들에게 조금 더 효과적으로 다가갈 방법이 무엇인지 탐색하는 과정과, 지구 전반에 걸쳐 실시간 소통이 이뤄지는 시대에 패션위크라는 기존 형식이 가진 단점을 극복하고 새로운 단계로 나아가기 위한 탐구가 필요했다. 또한 지금의 위기가 지나고 난 후 찾아올 소비의 시기에 과연 누가 앞서 나갈 것인가를 두고 경쟁이 벌어지는 시기이기도 했다.
일단 패션쇼가 캣워크라는 한정된 장소를 벗어난 이후 영상, 음악, 공간의 적극적인 활용이 두드러졌다. 특히 온라인으로 옮겨 가면서는 공간의 한계를 아예 무시해버릴 수 있게 되었는데 그만큼 패션쇼의 형태와 모습에 상상을 불어넣을 여지가 커졌다. 그런 점에서 코로나 팬데믹이 한창이었던 2021년의 패션쇼들은 다시 돌아볼 만하다.

버질 아블로의 루이 비통 2021 FW 패션쇼는 영화 및 뮤직비디오의 방식과 기존 캣워크의 방식을 교차로 활용한다. 영상으로 시작되는데 눈 덮인 산과 숲이 나오고, 인서트처럼 느린 화면으로 슈트를 입고 스케이트를 타는 사람들이 등장한다. 그리고 기존 형식의 패션쇼를 선보이는 공간이 겹쳐진다. 주변에 누워 있는 사람, 대화를 하는 사람, 그냥 서 있는 사람 등 마치 연극 무대나 영화의 한 장면 같은 모습이 연결되며 이어진다.
버질 아블로는 여러 예술, 대중문화 분야를 넘나들며 인용과 오마주를 즐겨 하는 것으로 유명한데 이 패션쇼의 경우 건축가 루트비히 미스 반 데어 로에의 바르셀로나 파빌리온과 꼭 닮은 세트를 설치했다. 버질 아블로는 이미 몇 년 전부터 미스 반 데어 로에가 자신의 미적 감각에 미친 영향을 부쩍 강조해왔는데 그런 영향을 세트에 담아낸 것이다.
건축가가 큰 영향을 발휘한 사례로 프라다의 컬렉션도 있다. 미우치아 프라다와 라프 시몬스의 공동 디렉팅이 이어지고 있는 프라다의 2021 FW 컬렉션 쇼에는 건축가 렘 콜하스가 디자인한 레드, 화이트, 핑크 등의 퍼로 뒤덮인 여러 개의 방이 등장한다. 모델이 방을 가로지르며 워킹을 하는 동안 문 너머로 다른 모델들이 춤을 추는 모습도 간간이 비친다.
방이 아닌 건물을 활용한 제냐의 패션쇼도 흥미롭다. 모델들은 건물 바깥에서 시작해 아파트와 오피스 건물의 방과 계단과 복도를 누비고 다닌다. 여기에 낮에 시작해 점차 어두워지는 시간의 경과를 집어넣은 것도 보통의 패션쇼에서는 보기 어려운 특징이다. 이 패션쇼는 '(리)셋, (리)테일러링 더 모던 맨'(The (Re)set, (Re)tailoring The Modern Man)이라는 제목이 붙어 있는데, 기존과 다른 시공간을 활용하는 것뿐만 아니라 포멀웨어와 캐주얼웨어 사이에서 편안함과 고급스러움을 겸비한 새로운 럭셔리 패션을 제안하는 점 또한 흥미롭게 볼 수 있다.
에르메스와 이자벨 마랑의 패션쇼에는 학교, 체육관 같은 곳이 배경으로 등장하고 나오는 모델들도 그에 어울리는 연기를 한다. 사실 영상으로 보여주는 패션쇼는 더 자세한 모습을 포착할 수 있다는 장점이 있는 반면에 촉감, 질감을 전달하기 어렵다는 한계가 있다. 그런 점을 극복하기 위해서 남성복의 경우 영상에 동적인 장면을 많이 넣고 실생활에서의 착용 모습을 다양한 형태로 보여주는 데 주력한다.

레디투웨어가 이렇게 생활의 감각을 직간접적으로 보여주는 데 비해 오트쿠튀르는 환상의 세계를 향한다.

그곳은 오피스나 학교, 아파트가 아니라 중세의 성이나 알 수 없는 신화 속 공간이다. 디올의 경우 2020년 오트쿠튀르 컬렉션 영상에서는 요정들에게 옷을 방문 판매하는 모습을 연출했다. 그리고 2021년의 배경은 타로 카드의 세계였다. 영상은 「고모라」(2008), 「테일 오브 테일즈」(2015) 등의 영화를 감독한 마테오 가로네가 제작했다.

패션 브랜드가 내놓는 영화 형식의 영상, 즉 패션 필름은 많지만 대부분 패션에 치중한다. 하지만 디올의 오트쿠튀르 영상은 서사가 상당히 강화되어 있다. 예를 들어 남성성과 여성성 사이에서 주인공이 겪는 갈등과 변화의 과정을 보여준다. 패션은 결국 자기 자신을 찾는 방법이라는 이야기다. 패션 필름은 오트쿠튀르의 환상적인 측면을 보여주는 데 상당히 효과적인 방법이라 무궁무진한 발전 가능성이 기대된다.

이 밖에 발렌티노는 화려한 성과 가면을 활용한 신화적인 모습에 매시브 어택의 로버트 델 나자와 협업한 음악을 결합해 오트쿠튀르 패션쇼에 세련된 현대적 이미지를 불어넣었다. 샤넬의 오트쿠튀르 영상에서는 무대를 돌던 모델들이 갤러리석에 앉으며 패션과 소비자의 전통적인 분리를 무너뜨렸고, 지암바티스타 발리는 특유의 화려한 오트쿠튀르 패션에 발레리노의 무용을 곁들여 비일상적이고 예술적인 측면을 극대화했다. 오트쿠튀르에 등장하는 남성이 전반적으로 많아진 것도 최근 자주 보게 되는 특징이다.

다들 이런 식으로 영상과 음악, 공간 등을 활용해 자신만의 유니크한 이미지를 극대화하는 방법을 연구하고 있다. 하지만 아무리 화면이 선명하고 시청이 편리해도 옷의 정확한 입체적인 형태, 촉감 같은 건 전달하기 어렵다.
물론 예전에도 동영상을 통해 패션쇼를 접하는 관객들은 이런 부분을 알 수 없었다. 그래서 바이어와 프레스를 위해 굳이 패션쇼를 개최했던 거다. 즉 패션쇼와 매체 지면, 매장 디스플레이 사이의 간극이 벌어져 있었기 때문에 만들어진 양식이다. 하지만 패션쇼가 대중에게 공개되는 기회가 늘어나고 미치는 영향력도 커진 상황에서 그런 기존의 양식을 고수할 이유는 없다.
영상의 한계를 극복하기 위해 슬로 모션, 디테일 숏, 바람과 동작에 흔들리는 옷자락 등 보는 사람이 실제 모습을 상상하는 데 보탬이 될 만한 장치들이 많이 늘어났다. 디올이나 발렌티노의 오트쿠튀르 같은 경우엔 아예 옷의 이름과 옷에 대한 설명을 자막으로 넣어주기도 했다. 설명문이나 주문 카탈로그처럼 보이지는 않으면서 정보와 패션의 멋짐을 균형 있게 전달하는 방법을 만들어내려는 노력은 앞으로도 계속될 거다.
한정된 상황, 변화된 상황은 패션처럼 경쟁이 치열하

고 세상에 민감하게 반응하는 분야에서 상상력과 창의력을 집중적으로 발현하게 한다. 이로 인한 변화가 앞으로 패션의 새로운 측면을 이끌어낼 수 있다는 점은 패션이 힘들고 어려웠던 코로나 바이러스의 시기를 거치며 얻은 소득일 수 있다.

ㄴ 수동적 믹스 앤 매치

패스트패션이 옷과 패션으로 대접받기 시작하자 소비자들은 패스트패션과 럭셔리를 섞어서 매칭하는 방식을 개척했다. 패스트패션 옷에 고급 가방을 드는 스타일링이 잡지 같은 데도 자주 등장했다. 요즘에는 빈티지나 중고 옷을 섞어 자신만의 스타일을 만들어가는 믹스 앤 매치가 꽤 나오고 있다. 이런 이례적인 착장이 이제는 익숙한 표준처럼 자리를 잡았고 주변에서도 흔히 볼 수 있다.

믹스 앤 매치가 나온 이유 또한 세대교체와 상당한 관련이 있다. 패션은 성별, 직위, TPO 등에 따라 어떤 경계가 있고 브랜드들은 그 경계 안에서 자신만의 세계관을 구축했다. 그러므로 1980년대에 미쏘니가 내놓은 트레이닝 셋업과 2020년대에 나이키가 내놓는 트레이닝 셋업은 기본적으로 역할도, 착용 장소도, 구매자도 다르다.
밀레니얼과 Z로 이어지는 세대교체 속에서 경계가 점

점 희미해지더니 이윽고 사람들은 경계를 넘나들기 시작했다. 믹스 앤 매치는 소비자들이 이런 흐름을 읽고 적극적이고 유연하게 대처한 결과라고 할 수 있다. 여기에는—앞서 말했듯 패스트패션이 그나마 제대로 된 옷으로 기능하기 시작한 것과 관련된—기술의 발전, 상황의 변화 등 요인이 깔려 있다.

이에 대응해 패스트패션이 테일러드 옷, 셋업, 맞춤 셔츠 등 다양한 비즈니스웨어를 내놨다. 정장과 캐주얼, 스포츠웨어의 믹스 앤 매치를 패스트패션 브랜드 단독으로 책임질 수 있는 방법이니까. 럭셔리 쪽에서는 아웃도어, 스포츠웨어를 내놨다. 역시 믹스 앤 매치를 단독으로 책임질 수 있는 방법이다. 그러나 이렇듯 한 브랜드에서 내놓은 구성은 아무래도 믹스 앤 매치 특유의 유니크하고 과감한 분위기를 내기 어렵다. 다양한 세계관이 겹치며 드러나는 의외성이나 신선함이 사라지기 때문이다.
그러므로 협업은 꽤 괜찮은 대응 방법이 된다. 준야 와타나베와 칼하트, 구찌와 노스페이스, 루이 비통과 슈프림의 협업은 믹스 앤 매치라는 스타일링 행위를 미리 상품화한다. 믹스 앤 매치를 위한 소비자의 탐구, 탐색, 발굴 같은 적극적인 패션 행위를 브랜드가 대신 해주고 판매하는 셈이다. 데님을 미리 탈색해서 판매하는 것과 비슷한 면이 있다. 사람들은 패션에 관한 모험과 도전을 하는 대신 모험이 끝난 결과물을 구입하면 그만이다.
이런 방식의 단점이라면 패션이라는 소비 행위 속에서 겨우 능동성을 찾아낸 소비자를 다시 수동화한다는 것이다. 패션의 소비는 기본적으로 나와 있는 상품 중에서 고르는 행위고 그러므로 능동성 발휘에는 분명한 한계가 있다. 믹스 앤 매치는 뭔가를 고르는 행위를 좀 더 적극적으로 수행하도록 만들어준다. 물론 미지의 세계를 개척해가는 데는 품이 많이 들고 그 과정에서 실패의 경험도 쌓인다. 어느 순간 지쳐 대열에서 탈락할 수도 있다. 하다가 포기할 걸 하느니 적당한 레벨로 꾸준히 해나가는 편이 더 좋은 결과를 만드는 경우가 있는데, 착장 경험이 대표적이다.
반대로 장점도 있다. 기본 출발점이 더 유리한 위치라는 거다. 준야 와타나베의 옷과 칼하트 옷을 섞어 입을 생각을 했는데 이런 발상을 떠올리고 실현하고 실패를 극복하려면 개인으로서는 꽤 많은 비용이 든다. 그런데 이미 그런 옷이 나와 있으면 출발점으로 삼아 더 복잡한 상상력을 발휘하는 식으로 레벨을 높여볼 수 있다. 그 출발점이 구획화되고 획일화될 가능성이 높다는 당연한 걱정은 차치하고라도 말이다. 더 말끔하게 믹스가 되겠지만 이미 준야 와타나베의 바운더리 안에 들어와 있다.
게다가 지금처럼 협업이 차고 넘치면 매칭을 시도할

수 있는 재료가 풍부하고 다양해지기 때문에 소비자 입장에서 나쁠 건 없다. 브레인 데드의 노스페이스 협업 제품과 나나미카의 노스페이스 협업 제품을 함께 입어본다든가 하는 다양한 변주도 가능할 거다. 물론 이런 태도가 패션을 더 재미있는 영역으로 만들 거라는 생각은 지나치게 이상적이긴 하다.

2021년에 첫 번째 시즌이 발표된 노스페이스와 구찌의 협업은 재미있는 포인트들이 있다. 일단 옷은 마운틴 재킷이나 다운재킷 등 거의 모두 노스페이스의 과거 아이템이다. 컬러와 기술적인 부분, 환경친화적인 측면이 조금씩 업그레이드되고 있지만 크게 다르게 생기지는 않았다. 그 위를 장식한 프린트는 거의 구찌의 것이다.
사실 구찌 옷에 노스페이스 로고를 프린트해봤자 사람들이 별로 좋아하진 않을 거다. 구찌와 아디다스의 협업 컬렉션이 나온 지 꽤 지난 시점에도 한남동 구찌 매장에서 판매가 되고 있었는데 너무 아디다스 같았다. 이왕이면 더 좋은 쪽을 눈에 잘 띄게 하는 게 낫다. 그리고 구찌 로고 프린트에 가죽 트림의 백팩도 있는데 이 역시 노스페이스의 백팩 디자인을 기반으로 하고 있다.
광고 캠페인을 보면 모델들은 구찌 로고가 새겨진 아웃도어 룩 상의에 하의는 치마나 슬랙스를 입고 있다.

또 꽃무늬 원피스도 있고 슬리핑 백을 모티브로 한 듯한 퀼티드 드레스도 등장한다. 거기에 등산화 혹은 샌들, 힐을 신고 산 위 어딘가에 올라가 있다. 어떻게 올라갔을까 궁금해지지만 백팩에 힐을 담아서 올라갔을지도. 그 정도로 갖춰 입을 수 있는 사람들이라면 헬리콥터를 탔을지도 모르겠다.
아무튼 매우 익숙한 광경이지만 누구나 실행할 수 있는 건 아니다. 어떻게 보면 우주인과의 만남을 보여줬던 2017년의 SF 광고 캠페인과 방향 면에서 별로 다를 게 없는 영화적 재현이다. 그럼에도 훨씬 익숙하게 느껴진다. 왜냐하면 그 속에 친숙하고 일상적인 브랜드인 노스페이스의 흔적들이 있기 때문이다.

최근의 과거 재현은 거의 이런 방식으로 불일치를 방치해 그 지점에서 도드라지는 갭을 패션화한다. 믹스 앤 매치에서 살짝 더 나아간 듯하다. 이런 방향성은 어떤 거대한 태도 같은 데서 나온다기보다는 과거의 재현과 소환이 워낙 흔해지니 그런 흐름을 타되 디테일한 부분에 신경을 더 쓰게 되어 나오는 결과물이 아닐까 싶다.

ㄴ 어디서 본 듯한 과거

알레산드로 미켈레 시절의 구찌 패션을 보면 어디서 본 듯한 과거를 재현하고 있다. 그 시대를 직접 경험한 사람에게는 과거의 어떤 순간을 불러낼 테고 그 시대를 경험하지 못한 사람에게는 텔레비전이나 유튜브로 접한 '응답하라' 시리즈라든지 「써니」 같은 영화에서 봤던 분위기였을 것이다.
2022년 후반기의 히트곡인 아이브의 〈애프터 라이크〉에는 1978년에 발표된 글로리아 게이너의 〈아이 윌 서바이브〉의 샘플링이 들어 있다. 당시 빌보드차트 1위를 차지했던 대히트곡이다. 사실 원곡을 그대로 쓴 건 아니고 로비 윌리엄스가 이 곡을 샘플링해 1999년에 발표한 〈슈프림〉을 샘플링했다고 한다. 가까운 과거가 몇 겹이 된 다음 합쳐져 재생된다. 익숙함과 새로움 양면을 모두 느낄 수 있다.

대퍼 댄은 로고처럼 눈에 확실하게 띄는 특별함을 '샘플링'해 새로운 옷을 만들어냈지만 요새는 특정 시대의 분위기를 통째로 가져오면서 패션이 딸려 온다. 패션이 과거를 가져오는 건 최근의 일은 아니다. 앨리스터 오닐은 런던 스타일 문화에 관해 이야기를 하면서, 새로운 유행 수요가 끊이지 않다 보니 1965년을 기점으로 혁신이나 발명에서 역사적 스타일을 강탈하고 해석하는 방향으로 전환되었다고 말했다.↓
유행은 돌고 돈다. 통이 넓은 바지가 유행이면 너도나도 입고 다닌다. 한참 그렇게 입고 다니다 보면 다들 조금씩 질린다. 어떤 브랜드가 통이 좁은 바지를 내놓는다. 이번엔 그쪽으로 이동한다. 유행이 일률적이라는 의미를 담고 있다는 걸 기억해보면 다들 같이 입다가 조금씩 질리고, 그러면 이전의 어딘가에서 뭔가를 또 가져오는 식으로 돌고 돈다. 특출하게 튀는 어딘가로 향할 게 아니라면 지금 세상에 존재하는 옷 양식 외에 더 나올 것도 없어 보인다. 완전히 다른 형태의 옷이 등장하면 모를까, 이미 있는 것들을 계속 돌릴 수밖에 없다.

간혹 등장하는 위대한 디자이너들은 새로운 흐름을 시작하거나 혹은 뒤틀어낸 이들이다. 보통은 어느 시점의 옷을 꺼내 와서 어디를 건드려야 사람들에게 신선하면서도 매력적인 어필을 할 수 있을까 고민한다. 누군가는 성공하고 누군가는 실패한다. 과거 어느 시

→ 사이먼 레이놀즈, 『레트로 마니아』, 최성민 옮김(워크룸, 2014), 192~193쪽에서 재인용. 패션과 레트로에 대해서는 이 책 192~206쪽 참조.

점의 옷의 현대적 버전을 좋은 타이밍에 내놓으면 사람들은 열광한다.
반대로 실패하는 경우는 타이밍이 너무 빨랐거나, 너무 늦었거나, 혹은 현대화에 실패했거나 등의 이유다. 옛날 옷을 그냥 가져온다고 되는 건 아니다. 옷의 무게, 착용감, 섬유의 퀄리티, 실루엣과 핏 같은 미세한 디테일은 계속 변한다. 게다가 멋이나 기능을 위해 불편함을 감수하며 옷을 입는 사람은 점점 줄어들고 있다. 이런 미세한 디테일에는 복고의 느낌을 더 강하게 만들어주는 기술도 포함되어 있다. 그래서 2021년에 나온 1960년대풍 패션은 지금의 관점을 지닌 사람이 보기에 실제로 1960년대에 나왔던 옷보다 더 1960년대처럼 보일 수 있다.
최근의 복고풍 유행에 대해 '레트로' 혹은 '뉴트로'라는 말을 붙인다. 거의 같은 뜻인데 바라보는 사람이 누구냐에 따라 나뉜다. 앞서 언급한 두 부류 중 과거를 경험한 쪽이 그때를 회상한다면 레트로다. '레트로스펙티브'(retrospective, 회상하는)를 줄인 말이다. 그 시절을 지나오진 않은 사람이 그때의 패션과 유행을 새롭고 멋지다고 생각한다면 뉴트로다. 복고를 새롭게 즐긴다는 뜻이다.
복고 트렌드는 여러 가지 형태로 나타나고 있고 패션, 옷에만 한정되지 않는다. 예를 들어 국내에서는 곰표 밀가루 마크를 커다랗게 붙여놓은 패딩이라든가 옛날 금성전자 로고를 새겨 넣은 맥주 같은 것도 나왔다.

2022년에는 Y2K 트렌드가 있었다. 21세기가 시작되기 직전은 화려하고 반짝거리는 과장의 시대였고, 텔레비전 기반 대중문화가 극대화된 시기였으며, 패션의 엄격함이 무너지기 시작한 시대였고, 또한 현재 인터넷 기반 대중문화 시대로의 전환기였다. 추억과 새로움이 겹쳐 있는 가장 오래된 문화가 이 시기의 것이기도 하다. 아직 컨버팅이 가능한 형태로 남아 있는 게 많아서 차용하기도 쉽다. 이렇게 보면 패션이나 소비자 모두 살짝 쉬운 길을 선택하고 있다고 할 수도 있다. 그런데 그때의 패션에 대해서는 곰곰이 생각해볼 것들이 있다. 그 시기는 과장된 패션의 시대였고 애버크롬비&피치, 홀리스터, 빅토리아 시크릿 등이 인기를 끌며 패션이 품고 있던 성별 구분 및 몸의 전통적 형태에 대한 논의와 간섭이 극대화되었던 시기이기도 하다. 당시 패션이 지니고 있던 배타성은 백인중심주의와 계층주의로부터 자유로울 수 없다.
그 이후 전개된 21세기의 패션은 다양성과 자기 몸 긍정주의를 표면적으로라도 이야기하며 당시 패션의 극으로 치달았던 세계관이 남긴 오점을 극복하는 데 초점을 맞추었다. 하지만 미우미우의 2022 SS 컬렉션에서 볼 수 있는 로라이즈와 크롭톱은 그런 흐름을 거슬러 올라간다.

2021년 후반기에 발표된 미우미우의 컬렉션은 이후 세계적으로 Y2K 트렌드를 이끌어가고 있다. 미우미우의 2022 SS 컬렉션도 베트멍과 크게 다르지 않은 방법을 취한다. 즉 일상적으로 착용되는 익숙한 옷을 가져다 비틀고 변형해 새로운 분위기를 만들어낸다. 여기서 대상이 된 건 랄프 로렌이나 브룩스 브라더스 같은 브랜드에서 볼 수 있는 예전 미국 대학생의 아이비리그 패션, 프레피 패션이다.
브라운 컬러의 치노 바지, 블루 컬러의 옥스퍼드 셔츠, 화이트 컬러의 포플린 셔츠, 울 케이블 스웨터, 면 스커트 등 스트리트웨어보다는 자못 점잖은 룩을 연출하는 프레피 룩은 미우미우의 컬렉션에서 약간 엉뚱한 곳을 줄이고, 엉뚱한 곳을 자르는 식으로 재배치된다. 쇼츠는 극단적으로 짧아서 엉덩이와 배꼽 아래까지만 덮는다. 또는 아예 위로 올라가 브라톱으로 사용되기도 한다. 스웨터 아래도 잘라버리고 셔츠 아래도 잘라버린다. 면 스커트의 아랫단은 풀어져 있다. 여기에 긴 양말이나 로퍼 같은 아이비 패션의 전통적 아이템이 그대로 사용된다. 보고 있으면 "옥스퍼드 셔츠에 치노 바지를 그대로 입는 건 지겨워!"라고 외치며 서툰 손길로 직접 옷을 쓱쓱 잘라내는 Z세대가 주인공인 드라마가 떠오르는 듯하다.

시간을 앞으로 돌려보면 크롭톱과 미니스커트 룩은 1998년 브리트니 스피어스가 〈베이비 원 모어 타임〉 뮤직비디오에 입고 나왔고, 패리스 힐튼이나 데스티니스 차일드 같은 당대의 패셔니스타 연예인들이 입는 등 2000년대 초반까지 주요 패션 트렌드 중 하나였다. 뮤직비디오에서 브리트니 스피어스도 학교에서 학생복을 약간 비뚤어진 방식으로 그렇게 입었으니(1981년생이니 당시 실제로 10대였다) 미우미우의 룩과 일맥상통하는 점이 있다. 하지만 미우미우는 당시의 룩을 다소 왜곡해서 재현한다.

가슴 밑부분을 드러내는 언더붑도 Y2K의 패션이다. 2002년 크리스티나 아길레라는 MTV 비디오 뮤직 어워드 레드카펫에 홀터톱을 입고 등장했는데 가슴 아랫부분이 드러나 있었다. 이걸 보고 사람들은 언더붑이라고 불렀다. 그리고 시간이 흘러 2016년 카니예 웨스트가 발표한 〈페이드〉 뮤직비디오에 댄서로 나온 테야나 테일러의 언더붑 룩이 화제가 되면서 다시금 글로벌 트렌드로 떠올랐다.

미우미우의 컬렉션에서 흥미로운 부분은 상의, 배, 하의의 비율이다. 크롭톱과 미니스커트 사이 간격이 꽤 떨어져 있는데, 목부터 허벅지까지 신체가 옷으로 덮여 있는 두 구간과 그렇지 않은 구간을 대략적으로 측정해보면 2.5:3:2 정도다. 즉 상의가 가린 부분과 하의가 가린 부분이 가운데 드러나 있는 배 부분보다 조금씩 더 작다. 이런 비율은 기존 크롭톱 룩과 어딘가 다르고 허리의 길이를 극대화하고 있어서 낯설게 느껴진다. 이런 낯선 모습이 이전의 신체 노출과는 다른 분위기를 만들어낸다.

미우미우의 크롭톱과 언더붑 룩은 곧바로 세계로 퍼져 나갔다. 해외 유명 쇼핑몰에서는 미니스커트 검색 횟수가 몇 년 만에 최대를 기록했고, 그만큼 잘 팔려 나갔다. 국내에서도 잡지, 인스타그램 등에서 유명 아이돌과 배우가 크롭톱에 미니스커트를 입었다. 언더붑 역시 몇몇 패셔니스타들이 시도하며 화제가 되었다.
한동안 오버사이즈 룩과 원마일웨어 등 노출이 거의 없고 움직일 때 신경을 써야 할 지점이 거의 없는 패션이 대세를 이뤘는데 그와 반대 방향의 패션이 오래간만에 다시 찾아온 거다. 이렇게 해서 하이프 패션의 마지막이 보이기 시작했다. 미우미우 패션쇼에서 몸을 가리는 답답한 옷의 상징인 학생복과 유니폼을 뜯어버리고 뜯긴 실을 휘날리며 등장하는 모델들의 모습은 날씬한 몸을 가진 이들이 예전처럼 몸을 드러내며 폼 나는 패션 인생을 과시하겠다는 외침처럼 보인다. 플러스사이즈 모델, 키 작은 모델을 볼 수 있는 최근의 변화 방향에 반항한다는 뜻이다.
그럼에도 패션 미디어는 플러스사이즈, 중년, 남성까지 다양한 모델에게 로라이즈와 언더붑 옷을 입히면서 아무나 입을 수 있다는 식으로 화보를 만들고 SNS 포스팅을 올렸다. 그리고 소비자들도 동참했다. 미우미우가 하지 않은 변명을 대신 해주는 것 같다. 그렇지만 미우미우가 정말 그런 의도를 가지고 있다면 애초에 그런 모델들을 직접 패션쇼에 세우지 않았을까? 미우미우의 2022 SS 컬렉션 캣워크에 선 모델들의 몸은 전혀 다양하지 않았다.

여기서 돌아볼 건 애버크롬비 & 피치다. 넷플릭스는 2022년에 애버크롬비 & 피치의 1990년대를 담은 다큐멘터리 「화이트 핫」을 공개했다. 마이크 제프리스가 CEO로 있던 90년대에 이 브랜드는 인종주의와 외모지상주의에 기반한 배타성을 무기로 사람들의 인기를 끌었다. 제프리스는 "젊고, 아름답고, 마른 사람들만 우리 옷을 입었으면 좋겠다", "뚱뚱한 고객이 들어오면 물을 흐리기 때문에 엑스라지(XL) 이상의 여성 옷은 팔지 않는다" 같은 말을 하기도 했다.
다큐멘터리가 나온 이후 애버크롬비는 그 시대의 오점을 바로잡고 있으며 극복해나가고 있다는 입장을 밝혔다. Y2K 시기에 사람들을 압박하던 0 사이즈, 33 사이즈 선망 문화가 패션의 즐거움, 새로움, 밈이 각광받는 오늘날 다시 고개를 들지 않을지 경계할 필요가 있다. 과거의 유행 중 잊어도 될 건 내버려 두고, 가져올 건 가져오는 선택이 요구된다.

그런 점에서 패션 디자이너가 Y2K 패션을 어떤 식으로 다루는지를 보면 그가 지금 과연 어느 시대에 머물러 있는지 혹은 어떤 시대로의 복고를 시도하고 있는지 알 수 있다. 기존 규범이 사람들을 압박하던 시절에는 단지 성적 어필만 가지고도 진보를 표방할 수 있었다. 하지만 패션은 이제 그 단계를 넘어섰고 다음을 모색하는 중이다. 그런데 이런 움직임은 더 멋진 것, 좋았던 때 같은 이미지의 포화 속에서 언제든 쉽게 무력화될 수 있다. 2022년 한 해를 정리하는 패션 뉴스나 대형 온라인 매장의 연말 리포트를 보면 가장 큰 영향력을 발휘한 브랜드로 미우미우가 뽑혔다.↓
패션은 아주 쉽게 미래 지향적인 태도를 품을 수 있지만 또한 아주 쉽게 익숙했던 과거로 회귀해버릴 수도 있다. 앞서 여러 브랜드의 크리에이티브 디렉터 교체 상황에 대해 언급했지만, 이런 동향은 코로나 기간 동안 쌓였던 변화의 기운을 잠시 뒤로 미루고 섹스어필과 럭셔리 패션 특유의 올드스쿨 엘레강스로 되돌아가려는 분위기를 알려주고 있다.

그렇다면 어떻게 해야 새로운 방식이 등장해 럭셔리 패션이 다양성을 품은 채 다음 단계로 나아갈 수 있

→ Daniel Rodgers, "Miu Miu is now the hottest brand in the world," *Dazed*, 29 November 2022, https://www.dazeddigital.com/fashion/article/57599/1/miu-miu-hottest-brand-lyst-miuccia-prada-balenciaga-demna-gucci-kim-kardashian

을까. 새로운 대안이 20세기 초중반에 등장한 티셔츠와 스웨트셔츠, 20세기 중반에 등장한 바람막이나 마운틴 재킷 같은 옷들뿐이라면 기대할 게 없을 것 같다. 변화를 줘봤자 고어텍스 같은 테크니컬 소재를 사용해 드레스를 만들거나, 단추 대신 지퍼를 달거나, 테일러드 재킷의 소매를 떼어다 그런 옷에 붙이는 식의 소위 패션 실험 정도일 게다. 티셔츠가 비즈니스웨어를 대체할 가능성은 아직 낮다.

이보다는 친환경 기류와 관련된 신소재, 신공법에서 혁신이 나올 가능성이 크다. 아식스에서 2022년에 내놓은 액티브리즈라는 스포츠 샌들은 3D 프린팅으로 만든다. 주문량에 따라 거점에 설치된 3D 프린팅 공장에서 뽑아낸다고 한다. 밑창과 쿠션 등 신발에서 중요한 부분들은 수많은 구멍과 연결된 기둥으로 해결했다. 이전과 같은 스포츠 샌들의 양식을 가지고 있지만 어딘가 다르게 생겼다.
지금은 3D 프린팅이나 홀가먼트 같은 공법을 도입해 기존의 의류와 액세서리를 그런 기술에 맞게 조금 변형하는 정도지만, 앞으로 신소재와 신공법이 늘어나면 일체형 디자인이라든가 아무튼 생김새가 꽤나 다른 제품들이 등장할 가능성이 있다. 이런 가능성을 탐색하며 새로움을 만들어내는 건 결국 패션 디자이너들의 영역이다. 어느 날 낯선 디자이너의 낯선 패션쇼를 보면서 사람들은 '우리가 여태 찾던 게 바로 저거였구나' 하며 찬탄할지도 모르겠다. 패션은 늘 그런 식으로 전진해왔으니까.

패션은 다양성을 쥐고 앞으로 나아간다

패션은 옷을 넘어섰다. 가방이나 신발, 주얼리는 물론이고 먹는 것, 앉는 곳, 쉬는 곳까지, 눈에 띄고 손에 닿는 모든 게 패션의 범주 안에 들어가 있다. 단지 럭셔리 브랜드에서 오픈하는 카페나 레스토랑에 대한 이야기만이 아니다. 거의 모든 걸 취향에 맞춰 구성할 수 있다. 말하자면 패션의 시대다.
지금은 패션의 시대고 지금까지 패션에서 존재한 모든 것들이 동시에 유행을 하고 있다고 해도 과언이 아닌 포스트-에브리씽 월드이다. 물론 전혀 다른 해석의 여지도 충분하다. 고급 소재로 장인이 만들어내던 섬세하고 세련된 하이 패션을 기억하는 이라면 투박한 면 후드 스웨트나 빈티지 아웃도어 트렌드를 보며 살다 보니 별게 다 고급 패션이 되는구나 하며 패션의 드넓은 포용력에 감탄할 것이다. 반면에 스니커즈와 후드를 착장하고 스케이트보드와 서핑 문화를 즐기며 성장한 이라면 젠체하는 테일러드와 불필요하고 지나치게 격식을 따지며 남녀 구분을 에티켓인 양 철저히 가리는 패션을 촌스럽고 구태의연하다고 여길 것이다.

스트리트 패션이 하이 패션을 덮으면서, 패션 산업과 소비자는 동시에 구시대적인 가치관을 덜어내고 새로운 방식, 지금까지 해오던 것과 사뭇 다른 것들을 하기 시작했다. 정치적 올바름, 여성 인권, 인종 문제, 다문화 이슈, 지구온난화와 환경 문제, 주식, NFT, 가상화폐, 메타버스 등 온갖 것들이 하이 패션 위에서 이야기가 되었다. 이런 문제와 얽히면서 실제로 몇몇 브랜드는 망하기도 하고, 사과문도 쓰고, 비난을 받거나 찬사를 받기도 하는 등의 사건 사고가 이어졌다. 지금까지 알던 것과 다른 기준이 제시되고 다른 방식으로 작동하는 분위기가 감지되었다. 패션은 사회적, 정치적 메시지를 전달하는 광고판이 되기도 하고 밀레니얼과 Z세대의 가치관을 드러내는 시그널이 되기도 했다. 이런 흐름 속에서 패션은 앞장서서 변화에 동참하고 주도하는 스스로를 전시했다.

그런데, 코로나 팬데믹 기간이 다른 측면에서 패션에 단절된 구간을 만들어버렸다. 코로나 팬데믹이 끝나자 가상화폐의 가격이 급하강하고 주식도 안정화 추세다. 밀레니얼과 Z세대 중 고가의 패션 제품을 구입할 만한 사람들은 아마도 줄어들었을 것이다. 오프라인 매장도 다시금 활기를 띠기 시작했다. 새로운 바람이 불어오자, 패션 브랜드들은 다시금 방향 전환을 하고 있다. 바로 지금, 누가 패션에 가장 민감하게 반응하며 가장 많은 비용을 쓸 수 있는지, 그들이 원하는 건 무엇인지 검토하며 다른 구매자를 찾아가기 시작한 거다.
프라다는 2020년 라프 시몬스를 공동 디렉터로 데려오며 미우치아 프라다를 그대로 두고 세대를 넘나들며 브랜드를 지속시킬 방법을 찾아냈다. 미우미우는 로타 볼코바의 강력한 화보들과 함께 변주되며 프라다의 서브 브랜드 이미지를 벗어났고 2022년 연말 각종 매체를 통해 최고의 브랜드에 올랐다. 입생로랑은 1992년에 출간되었던 마돈나의 사진집 『섹스』를 재발행하는 등 1990년대 말 패션에서 흥했던 섹스어필의 분위기를 분명하게 되살리고 있다. 2023년에는 더 로우의 콰이어트 럭셔리나 브루넬로 쿠티첼리나 로로 피아나의 올드 머니 룩이 인기를 끌면서 "좋았던 시절의 좋았던 패션"이 돌아오고 있다.

그렇다면 알레산드로 미켈레의 구찌가 등장한 시기쯤부터 한동안 지속되며 강력한 영향력을 발휘했던 럭셔리 브랜드의 주요 품목 변경과 구매층 변화, 다양성 흡수 같은 방향 전환은 그저 잠깐의 단절된 구간으로 존재했고 시간이 흐르며 의미가 사라져버린 걸까? 2015년부터 2022년까지 일어난 패션의 일탈은 과거의 일이 되었고 그때 만들어진 경계는 일시적인 현상일 뿐이었을까?

그렇지는 않다. 패션에 쌓여 있던 모순, 구시대 질서의 흔적, 비효율적인 전개 방식은 여러 사회적 이슈와 코로나 시대를 거치면서 아주 빠르게 수면 위로 떠올랐다. 그런 게 있는지조차 잘 몰랐던 시절이 있었지만 이제는 많은 사람들이 문제를 인식하고 이전과 다른 시선으로 패션을 바라보고 있다. 세대는 차곡차곡 바뀌고 있고 사람들의 눈과 생각은 분명히 이전과 달라졌다. 패션 브랜드의 광고와 캣워크에 등장하는 인물들도 예전에 비해 다양한 인종과 체형을 아우른다. 주류 패션 바깥에 있던 사람들, 여성 디자이너 등이 크리에이티브 디렉터를 맡으며 브랜드를 이끄는 경우도 크게 늘었다.
패션의 매력과 즐거움 모두를 관통하는 건 다양함에 대한 두려움을 치우는 거다. 어차피 옷은 옷이다. 아무리 이상한 걸 입어도 웃기는 정도에 그친다. 생명을 위협하지도 않고 사회를 혼란에 빠트리지도 않는다. 그렇기 때문에 많이, 다양하게 보고 입는 게 좋다. 익숙한 것에만 다가가면 마음은 편하겠지만 재미는 없을 수 있다. 게다가 사고와 시야가 편협해질 가능성이 높다. 다른 분야도 마찬가지일 테다. 어차피 옷은 옷일 뿐이니까 일상에서 마음을 여는 습관을 들이는 데 유용한 도구가 될 수도 있다. 새로운 경험을 꼭 익스트림스포츠나 멀고 먼 낯선 나라로의 여행을 통해서만 찾을 필요는 없다.

새로움에 대한 반감은 대부분 낯선 대상을 두려워하는 데서 비롯된다. 낯선 타인의 옷을 보고 기분이 나쁘다는 식으로 시각적 불쾌감을 이야기하는 이들이 여전히 많다. 하지만 그런 사고방식은 바람직하지도 재미있지도 않다. 고개만 돌리면 아무 일도 일어나지 않는데 굳이 쳐다보면서 화를 내는 건 누구에게도 이득이 되지 않는다. 특별한 경우가 아니라면 특정한 착장을 강요할 이유도 없고 자신에게 익숙한 방식만이 멋진 것이라고 설득할 근거도 없다.

패션에서 다양성은 쥐고 가야만 하는 핵심이다. 인종, 성별, 문화 다양성에 대한 이러한 관심은 이제 무관한 척 살아갈 수 없다. 고급 브랜드의 디자이너나 기업의 고위층 인사가 이상한 소리를 해도 인터넷 뉴스에나 살짝 실리고 넘어가던 때가 분명히 있었다. 그런 발언이 불쾌하더라도 옷만 멋지고 예쁘면 별로 상관없다고 여기던 시절도 있었다. 요새도 허튼소리를 하거나 심지어 범죄를 저지른 사람이 음악으로, 영화로, 작품으로 평가해달라고 호소하는 경우를 종종 볼 수 있다. 하지만 그런 시절은 지나갔다. 패션 브랜드도 다양한 인종과 다양한 체형의 모델을 광고와 패션쇼에 기용하고, 이런 식으로 다양성 측면에서 남들보다 열려 있고 앞서가고 있다는 이미지를 광고한다. 혐오와 차별은 더 이상 포용의 대상이 아니다. 패션은 이렇게 다양성을 흡수하며 앞으로 나아간다. 유행하는 상표와 로고가 붙어 있다고 멋지다고 생각하는 건 이 넓은 옷과 패션의 세계를 생각하면 좀 안타까운 데가 많다. 더 재미있는 걸 놓치는 게 아닐까 안타까운 마음이 든다. 패션을 통해 삶을 조금이라도 더 즐겁고 풍요롭게 만들 수 있다면 매일 옷을 고르고 입는 수고로움 속에서 뭔가 중요한 걸 얻을 수 있을지도 모른다.

물론 매우 이상적인 생각이다. 방향일 뿐 이뤄질 리 없다. 더구나 최근 패션은 사상이나 신념이 아니라 과대 수요를 만들고 변화의 진폭을 키우는 부스터로 작동 중이다. 그러나 산업이(또는 산업 중 대다수가) 그렇다 하더라도, 우리 개개인은 옷을 경험하며 더 다양한 타인의 삶을 엿볼 수 있고, 그렇게 넓어진 시야로 패션을 대한다면 패션 역시 더 포용적인 태도와 시야를 내놓게 되리라는 건 분명하다. 즉 더 재미있어질 수 있다는 거다.

찾아보기

박세진

패션 칼럼니스트. 패션 전문 블로그 『패션붑』(Fashion Boop, fashionboop.com)을 운영하며 패션에 관한 글을 쓰고 번역을 한다. 지은 책으로 『패션 vs. 패션』, 『레플리카』, 『일상복 탐구: 새로운 패션』이, 옮긴 책으로 『빈티지 맨즈웨어』, 『아빠는 오리지널 힙스터』, 『아메토라: 일본은 어떻게 아메리칸 스타일을 구원했는가』가 있다.

패션의 시대: 단절의 구간

박세진 지음

초판 1쇄 발행 2023년 10월 10일
초판 2쇄 발행 2024년 2월 15일

ISBN 979-11-90853-46-0 (03590)

발행처 도서출판 마티
출판등록 2005년 4월 13일
등록번호 제2005-22호
발행인 정희경
편집 박정현, 서성진
교정교열 정은주
디자인 이기준

주소 서울시 마포구 잔다리로 101, 2층 (04003)
전화 02-333-3110

이메일 matibook@naver.com
홈페이지 matibooks.com
인스타그램 matibooks
엑스 twitter.com/matibook
페이스북 facebook.com/matibooks